职业教育"十三五"规划教材

电气自动化实训指导书

主　编　周　旭
副主编　张志鹏　谭　明

国防工业出版社
·北京·

内容简介

本书面向电气技术、电子技术应用类专业,针对电气自动化技术的基本知识,在此基础上详细介绍了控制系统软硬件设计的基本方法、关键步骤和实现手段。主要内容包括低压电器与电动机继电控制线路的装调;可编程序控制器软硬件的使用、安装与各类型程序设计;单片机软硬件环境与实践课题。

本书紧扣实际应用的主题,实用性较强,可作为电子技术应用、机电一体化技术、电气自动化技术、工业机器人应用与维护专业及其他相关专业的中高职学生实训教材,也可作为工程技术人员实践研究的参考书,还可以作为相关专业实训指导教师自学和能力提升的教材。

图书在版编目(CIP)数据

电气自动化实训指导书/周旭主编.—北京:国防工业出版社,2015.10(2022.7重印)
ISBN 978-7-118-10477-6

Ⅰ.①电… Ⅱ.①周… Ⅲ.①自动化技术—高等学校—教学参考资料 Ⅳ.①TP2

中国版本图书馆 CIP 数据核字(2015)第 246956 号

※

国防工业出版社出版发行
(北京市海淀区紫竹院南路23号 邮政编码100048)
北京虎彩文化传播有限公司印刷
新华书店经售

＊

开本 787×1092 1/16 印张 13¾ 字数 313 千字
2022 年 7 月第 1 版第 2 次印刷 印数 3001—4000 册 定价 35.00 元

(本书如有印装错误,我社负责调换)

国防书店:(010)88540777　　书店传真:(010)88540776
发行业务:(010)88540717　　发行传真:(010)88540762

PREFACE 前言

人才是科教兴国的第一资源,技能型人才是人才队伍主要组成部分之一。"技能型人才在推动自主创新方面具有不可替代的主要作用;没有一流的技工,就没有一流的产品"。《教育部关于进一步深化中等职业教育教学改革的若干意见》【2008】8号文件中指出"要高度重视实践和实训教学环节,突出'做中学、做中教'的职业教育教学特色",对职业教育的教学内容、方法的改革提出了具体要求。本书依据教育部最新颁布的《中等职业学校教学指导方案》,结合人社部一体化教学改革思路,并参照行业的职业技能鉴定中高级技术工人等级考核标准编写。

本教材针对电气自动化类专业实训环节,在内容组织、结构编排等方面都较传统教材做出了重大改革,通过以学生为主体、能力递进为本位,促进职业教育以知识教育向能力培养转变。在学习活动中,紧紧围绕工作任务完成的需要来选择和组织课程内容,突出工作任务与知识技能的联系,让学生在实践活动的基础上掌握技能,增强课程内容与职业岗位能力要求的相关性,提高学生的就业能力。为了节约查阅资料的时间,每篇实训项目前增加了对应科目的基础知识介绍,学生可以通过阅读资料的学习,加强对本课程内容的理解;为了培养学生查阅资料的能力,有些相关知识,需要学生通过其他书籍资料、网络资源等途径来查阅。

本书主要特色如下:

1. 以项目实施为主线、工作项目为中心、工作任务为导向,通过工作任务的完成来实现教学目标。

在教学内容安排上,全书共计3篇工作项目,20多个学习工作任务,将知识和技能点巧妙地隐含在各个工作任务和学习活动中。通过任务实施,一方面激发了学生学习兴趣,另一方面强化了学生探究思考的学习过程。

2. 以"实用、够用"为原则,突出技能训练。

在教学内容的选取上,浅显易懂,减少了理论知识的分析介绍,注重知识点的实用性和可操作性,明确了实践与理论的教学目标,突出技能训练和职业能力的培养。各技能训练步骤清晰,项目安排具有针对性。第三篇单片机技术实训指导创新型实践课题应用性强,每个课题均提供配套程序框图和源程序,方便读者的最终调试。

3. 内容通俗易懂、图文并茂,学习评价多方参与。

教材内容通过大量图片增强教学内容的直观性、可读性,有助于提高学习效果。学习评价按照职业素养和专业能力等方面通过学生、学习小组、教师等多方参与,共同评价。

本书由四川矿产机电技师学院周旭任主编、四川矿产机电技师学院张志鹏、谭明任副主编,参加编写的还有四川矿产机电技师学院祝竟梅。

本书在编写过程中,得到了企业和行业类专家的大力支持和帮助,成都点创拓维科技有限公司李佶林提出了很多宝贵意见,另外在编写过程中参考了国内外部分专家的论文和著作,在此谨向这些作者表示诚挚的谢意!

本书在教学过程中,教师可根据具体情况适当调整教学内容。由于时间紧以及编者水平有限,书中难免有不足之处,恳请同行及读者提出宝贵意见,在此表示感谢。

CONTENTS 目录

第一篇 低压电器与电动机控制

第一章 实训准备 ... 3
  第一节 实训步骤与要求 ... 3
  第二节 电动机控制实训规程 ... 5

第二章 实训内容与课题 ... 6
  第一节 基础阶段实训内容与课题 ... 6
  第二节 提高阶段实训内容与课题 ... 41

第二篇 可编程序控制器(三菱FX系列)

第三章 实训基本要求及实训准备 ... 59
  第一节 实训基本要求及步骤 ... 59
  第二节 PLC的基本知识 ... 60
  第三节 编程软件简介 ... 69

第四章 实训内容与课题 ... 76
  第一节 典型单元控制程序设计 ... 76
  第二节 实用电路控制程序设计 ... 83
  第三节 顺序控制系统的程序设计 ... 92
  第四节 气动控制程序设计 ... 107

第三篇 单片机技术实训指导

第五章 基本实践任务与课题 ... 115
  第一节 实训软硬件环境学习 ... 115

  第二节 学生实训课题 …………………………………………………… 126
第六章 创新型实践课题 ………………………………………………………… 142
  第一节 基本实践课题 …………………………………………………… 142
  第二节 按键识别与显示控制 …………………………………………… 149
  第三节 定时与中断 ……………………………………………………… 158
  第四节 简单系统开发 …………………………………………………… 163
附录一 部分课题参考程序 ………………………………………………………… 168
附录二 常见元件图形符号、文字符号一览表 ……………………………………… 205
附录三 电气元件文字符号 ………………………………………………………… 208

第一篇
低压电器与电动机控制

第一章

实训准备

第一节 实训步骤与要求

◆ 实训目的

本实训是学习"电力拖动控制"、"机床电气控制"等电动机控制类课程的一个重要组成部分,是理论联系实际的一个重要步骤。通过实训,使学生能对常用低压电器的性能、结构和使用方法有一个感性的认识,并能独立完成一些简单的控制线路的安装;也能对继电器控制电路中出现的故障进行检测与排除,能在实训中逐渐掌握安装方法和工艺要求,能正确使用常用的各种工具和检测仪表、仪器,为下一阶段的实训和维修电工技能考核奠定良好的基础。

◆ 实训步骤

1. 根据控制要求,清点器材数量并检查其完好性。
2. 分析电路图,弄懂电路的工作原理。电气原理能充分表达电气设备和电器的用途、作用及工作原理,为电气线路的安装、调试和检修提供依据。
3. 将所选的低压电器按要求合理分布在控制板上。将电器固定在控制板上时,必须根据平面布置图进行安装并做到安装牢固,排列整齐、匀称、合理,便于走线及更换元件;紧固各元件时,要使其受力均匀,紧固程度适当,以防止损坏元件。
4. 按接线图进行板前接线,具体要求如下:
(1) 走线通道应尽可能少,同一通道中的沉底导线按主控电路分类集中,单层平行密排。
(2) 同一平面的导线应高低一致,不能交叉,当必须交叉时,该根导线应在接线端子升出时水平架空跨越,但必须走线合理。
(3) 布线应横平竖直,变换走向应垂直。
(4) 导线与接线或线桩连接时,应不压绝缘层,不反圈及不露铜过长,并做到同一元件、同一回路的不同接点的导线间距保持一致。
(5) 一个电器元件接线端子上的连接导线不得超过两根,每节接线端子板上的连接导线一般只允许连接一根。
(6) 布线时,严禁损伤线芯和零线绝缘。

（7）若连接导线较长,应用线卡加以固定。

5. 自检。

自检时可用万用表在不通电的情况下进行检查。

6. 通电试车。

通电试车必须在指导老师监护下方可进行,学生应根据电气原理图和电路控制要求独立进行,若出现故障也应自行排除。

7. 拆去控制板外部接线并按评分标准评分。

8. 拆除并归还元器件。

实训要求

1. 组合开关、熔断器的受电端子应安装在控制板的外侧,并使熔断器的受电端为底座的中心端。

2. 各元件的安装位置应整齐、匀称,间距合理,便于元件的更换。

3. 紧固各元件时要用力均匀,紧固程度适当。

4. 按接线图的走线方法进行板前明线布线和套编码管。

接线图绘制原则

电气安装接线图是按照电器元件的实际位置和实际接线绘制的。绘制电气安装接线图时,要遵循以下原则：

1. 各电器元件用简化的外形符号(正方形、长方形、圆形等)表示,同一元件的各部件必须画在一起。

2. 在每个设备的左上角画一个圆圈,用一横线分成两半部。上部标出安装单位的编号和设备的排列顺序号,下半部标出同类设备的顺序号和设备的文字符号。

3. 各电器元件的位置应与实际位置一致。

4. 不在同一控制柜或配电屏上的电器元件的电气连接必须通过端子板,各元件的文字符号及端子板的编号应与原理图一致,并按原理图的接线进行连接。

5. 走向相同的多根导线可用一根单线表示。

6. 画连接导线时,应标明导线的规格、型号、根数和穿线管的尺寸。

原理图绘制原则

1. 原理图一般分为主电路和控制电路两部分:主电路是指从电源到电动机的电路,是强电流通过的部分,用粗线条画在原理图的左边;控制电路是通过弱电流的电路,一般由按钮、电器元件的线圈、接触器的辅助触点等组成,用细线条画在原理图的右边。

2. 在电气原理图中,所有电气元件的图形、文字符号必须符合国家标准。

3. 采用电器元件展开图的画法:同一电器元件的各部件可以不画在一起,但需用同一文字符号标出。若有多个同一种类的电器元件,可在文字符号后加上数字序号,如KM1、KM2等。

4. 所有电器的触点都是按不通电、不受外力作用的断、合状态画出。

5. 各电器元件的动作顺序通常按从左到右、从上到下的规律排列,既可水平布置也可竖直布置。

6. 在原理图中,有直接电连接的交叉导线要用黑圆点标注在连接点上。

第二节　电动机控制实训规程

1. 遵守实验(实训)纪律,做到不迟到、不早退、每天排队进入实验(实训)场地。
2. 实验(实训)中要严肃认真、精益求精,不准在实验(实训)场地打闹嬉戏。
3. 进入实验(实训)场地,学生必须穿戴劳保用品,带上各自工具。
4. 爱护实验(实训)器材和工具,不浪费,实训材料能重复使用的要尽量使用,损坏或丢失实验(实训)器材和工具的,按学校的有关规定进行赔偿。
5. 实训中,一切行动要听从实验(实训)老师的安排,实验室中学生不能擅自使用电脑,不听从安排造成的后果由学生本人负全部责任并可取消其实训资格。
6. 实验(实训)中要相互配合,注意个人和他人安全,尤其是在需要通电试车时,必须首先征得实训老师的同意,在实训老师进行监控的情况下,才能进行通电试车,否则造成的后果由学生本人负全部责任。如有擅自通电试车的,一经发现,取消其实训资格。
7. 爱护实验(实训)场地的环境卫生,做到不随地吐痰,扔垃圾、纸屑,爱护墙壁卫生。在实训过程中,脚不能踏在办公桌和控制柜上,不向窗外扔东西、吐痰,做一个文明的现代学生。
8. 专周实验(实训)完后,要清点器材交回实验(实训)指导老师处并打扫实验(实训)场地,保持清洁卫生。

第二章

实训内容与课题

第一节 基础阶段实训内容与课题

课题一 识别常用低压电器

▲ 实训目的

能正确识别一般常用低压电器,并能用万用表简单检测其触头系统是否完好。

▲ 实训材料

元件明细见表2-1。

表2-1 材料明细表

电路符号	材料名称	型号	数量
	万用表		1个
KM	交流接触器	(CJ0-10)	1只
KT	时间继电器	JS7-2A	1只
FR	热继电器	JR10	1只
KA	中间继电器	JZ7	1只
KS	速度继电器	JY1	1只
SQ	位置开关	JLXK1	1只
SB	按钮开关	LA10-3H	1只

▲ 实训步骤

1. 指出各个低压电器的名称、型号。
2. 画出各个低压电器的电气符号。
3. 说出各个低压电器的工作原理。
4. 用万用表进行检测。

用万用表检测时,首先应将万用表转换开关转到欧姆挡适当的量程上,把两表笔短接,调节调零旋钮:使指针指向电阻刻度的"零"位置,然后用两根表笔对触头的常开、常闭及线圈电阻进行测量。

5. 指出各种电器哪些为常开触头,哪些为常闭触头。

▣ 实训考核

1. 实训报告

体会各元器件的作用,并用简单的语言给予描述。

2. 评分卡

考核内容	配分	评分标准	扣分	得分
根据实物说出电器的名称、型号	15	每说错一件扣3分		
根据实物说出电器的触头哪些是常开,哪些是常闭	30	每说错一个扣3分		
根据实物画出电器的电气符号	20	每画错一个扣3分		
根据实物说出电器的动作原理	20	每说错一处扣3分		
安全文明	15	1. 工作服穿戴不整齐扣5分 2. 工具摆放不整齐扣5分 3. 工位不清洁、不整洁扣5分 4. 严重违反安全操作规程扣15分 5. 损坏工具、器具扣10分		
考核时间	20	每超过1分钟扣5分		
备注		除考核时间外,各单项内容中的最高扣分数,不得超过配分数	总成绩	

课题二 CJ10-10 交流接触器的检修

▣ 实训目的

熟悉交流接触器的结构和检修方法。

▣ 实训步骤

1. 拆卸

(1) 松去静触头的线桩螺钉,拉下常开、常闭静触头。

(2) 取出动触桥。

(3) 松去接触器底部的盖板,并慢慢放松,以防螺钉被弹落。

(4) 取下静铁芯缓冲绝缘纸片、静铁芯及反作用弹簧。

(5) 取下静铁芯支架。

(6) 取下缓冲弹簧。

(7) 拔出线圈接线端的弹簧夹片,取下线圈。

(8) 抽出动铁芯和支架。

(9) 在支架上取下动铁芯定位销。

(10) 取下动铁芯及缓冲绝缘纸片。

2. 检修

(1) 用干净布蘸少许汽油擦去动、静铁芯端面上的油垢。

(2) 检查动、静铁芯两边铁轭端面是否平整,如不平整可用锉刀修平。

(3) 检查动、静铁芯吻合后,中间铁芯柱间是否留有 0.02~0.05mm 的气隙,否则应用锉刀修出气隙。

(4) 检查活动部分有无卡阻现象。

3. 装配

检修结束,按拆卸的逆顺序进行装配。

4. 自检

用万用表欧姆挡检查线圈及各触点是否良好,并用手按主触点检查运动部件是否灵活,防止发生接触不良或有振动及噪声。

5. 通电接验

(1) 电气图如图 2-1 所示。

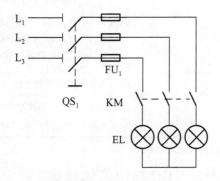

图 2-1 电气原理图

(2) 在通电接验时,必须在不大于 1min 内连续进行 10 次分、合试验,若 10 次试验全部成功则为合格。

实训要求

1. 在拆卸时,应将拆卸下的零部件放好,避免失落。
2. 在拆卸过程中,不允许硬撬,以免损坏电器。

实训考核

1. 实训报告

(1) 在拆、装过程中体会接触器的动作原理,并用简单的语言予以描述。

(2) 分析接触器的各种保护作用。

(3) 实训中发生过什么故障?是如何排除的。

2. 评分卡

考核内容	配分	评分标准	扣分	得分
拆卸与装配	30	1. 扩大故障(无法修复)扣30分 2. 丢失零件:紧固件每件扣10分 　　　　　其他零件每件扣15分 3. 拆装步骤及方法不正确每次扣5分 4. 拆装步骤重复每次扣10分 5. 拆卸后装不起来无法通电扣30分		
检修及通电接验	55	1. 不能进行通电接验扣50分 2. 3次通电接验中,每一次不成功扣15分 3. 通电时有振动或噪声扣40分 4. 违反安全,文明生产扣10~50分		
安全文明	15	1. 工作服穿戴不整齐扣5分 2. 工具摆放不整齐扣5分 3. 工位不清洁、不整洁扣5分 4. 严重违反安全操作规程扣15分 5. 损坏工具、器具扣10分		
定额时间	30分钟	每超过5分钟扣5分,不足5分钟扣5分		
备注		除定额时间外,各项目的 最高扣分不会超过配分数		
开始时间		结束时间		实际时间		总成绩	

课题三　点动正转控制线路的装调

▶ **实训目的**

1. 熟悉已学低压电器的结构、工作原理。
2. 理解点动正转控制原理,掌握点动正转控制线路的安装。

▶ **实训材料**

1. 工具:测电笔、螺钉旋具、尖嘴钳、斜口钳、剥线钳、电工刀等。
2. 仪表:兆欧表、钳形电流表、万用表。
3. 器材见表2-2:

表 2-2 元件明细表

电路符号	名称	型号	规格	数量
M	三相异步电动机	YS7124-4	370W、380V、1.12A、△/Y 接法、1440r/min	1
QS	组合开关	DZ47-60/3	三极、60A	1
FU$_1$	熔断器	RT28N-32X	500V、32A、配熔体 10A	3
FU$_2$	熔断器	RT28N-32X	500V、32A、配熔体 10A	2
KM	交流接触器		20A、线圈电压 380V	1
FR	热继电器	CJX2-0901	三极、20A、整定电流 8.8A	1
SB	按钮	YBLX-K1/111	平头式、380V、5A	1
XT	端子板		380V、10A、20 节	若干
	主电路导线	NP4	1.5mm^2(7×ϕ0.52mm)	若干
	控制电路导线	JX-1020	1mm^2(7×ϕ0.43mm)	若干
	按钮线	BVR-1.0	0.75mm^2	若干
	走线槽	BVR-0.75	18mm×25mm	若干
	控制柜	BVR-1.5		1

原理分析

点动正转控制线路是用按钮、接触器来控制电动机运转的最简单的正转控制线路,如图 2-2 所示。

所谓点动控制是指按下按钮,电动机就得电运转;松开按钮,电动机就失电停转。这种控制方法常用于电动葫芦的起重电动机控制和车床拖板箱快速移动电动机控制。

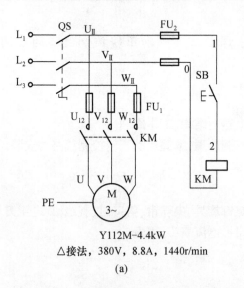

(a)

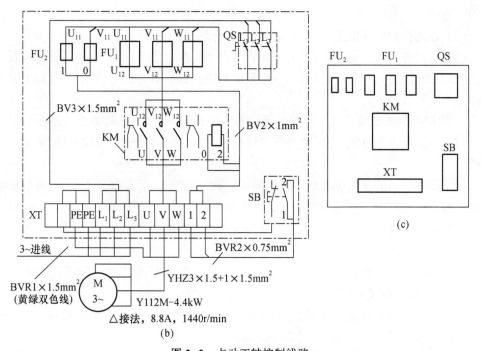

图 2-2 点动正转控制线路
(a)电气原理图;(b)电气安装接线图;(c)电器元件布置图。

点动控制线路中,组合开关 QS 作电源隔离开关;熔断器 FU_1、FU_2 分别作主电路,控制电路的短路保护;启动按钮 SB 控制接触器 KM 的线圈得电、失电;接触器 KM 的主触头控制电动机 M 的启动与停止。

线路的工作原理如下:

先合上电源开关 QS。

启动:按下 SB→KM 线圈得电→KM 主触头闭合→电动机 M 启动运转。

停止:松开 SB→KM 线圈失电→KM 主触头分断→电动机 M 失电停转停止使用时,断开电源开关 QS。

实训步骤

1. 识读点动正转控制线路,明确线路所用电器元件及作用,熟悉线路的工作原理。
2. 按元件明细表配齐所用电器元件并进行检验。

(1)电器元件、技术数据(如型号、规格、额定电压、额定电流等)应完整并符合要求,外观无损伤,备件、附件齐全完好。

(2)检验电器元件的电磁机构动作是否灵活,有无衔铁卡阻等不正常现象。用万用表检查电磁线圈的通断情况以及各触头的分合情况。

(3)检验接触器线圈额定电压和电源电压是否一致。

(4)对电动机的质量进行常规检查。

3. 在控制板上按布置图安装电器元件,并贴上醒目的文字符号,如图 2-2(c)所示。

(1)组合开关、熔断器的受电端子应安装在控制板的外侧,并使熔断器的受电端为底座的中心端。

(2) 各元件的安装位置应整齐、匀称，间距合理，便于元件的更换。

(3) 紧固各元件时要用力均匀，紧固程度适当。在紧固熔断器、接触器等易碎裂元件时，应用手按住元件，一边轻轻摇动，一边用旋具轮换旋紧对角线上的螺钉，直到手摇不动后再适当旋紧些即可。

4. 按接线图的走线方法进行板前明线布线和套编码套管，如图 2-2(b) 所示。

(1) 布线通道尽可能少，同路并行导线按主、控电路分类集中，单层密排，紧贴安装面布线。

(2) 同一平面的导线应高低一致或前后一致，不能交叉。非交叉不可时，该根导线应在接线端子引出时，水平架空跨越，但必须走线合理。

(3) 布线应横平竖直，分布均匀。变换走向时应垂直。

(4) 布线时严禁损坏线芯和导线绝缘。

(5) 布线顺序一般以接触器为中心，由里向外，由低至高，先控制电路，后主电路进行，以不妨碍后续布线为原则。

(6) 在每根剥去绝缘层导线的两端套上编码套管。所有从一个接线端子（或接线桩）到另一个接线端子（或接线桩）的导线必须连续，中间无接头。

(7) 导线与接线端子或接线桩连接时，不得压绝缘层、不反圈及不露铜过长。

(8) 同一元件、同一回路的不同接点的导线间距离应保持一致。

(9) 一个电器元件接线端子上的连接导线不得多于两根，每节接线端子板上的连接导线一般只允许连接一根。

5. 根据原理图检查控制板布线的正，如图 2-2(a) 所示。

6. 安装电动机。

7. 连接电动机和按钮金属外壳的保护接地线。

8. 连接电源、电动机等控制板外部的导线。

9. 进行电路安装前，完成实物仿真图的连接。（见图 2-3，不同的线路建议用不同颜色的铅笔绘制，以免混淆）

10. 自检。安装完毕的控制线路板，必须经过认真检查以后才允许通电试车，以防止错接、漏接造成不能正常运转或短路事故。

(1) 按电路图或接线图从电源端开始，逐段核对接线及接线端子处线号是否正确，有无漏接、错接之处。检查导线接点是否符合要求，压接是否牢固。接触要良好，以免带负载运行时产生闪弧现象。

(2) 用万用表检查线路的通断情况。检查时，应选用低倍率适当的电阻挡并进行校零，以防短路故障的发生。对控制电路的检查（可断开主电路），可将表笔分别搭在 U_{11}、V_{11} 线端上，读数应为∞。按下 SB 时，读数应为接触器线圈的直流电阻值。然后断开控制电路再检查主电路有无开路或短路现象，此时可用手动来代替接触器通电进行检查。

(3) 用兆欧表检查线路的绝缘电阻应不得小于 $1M\Omega$。

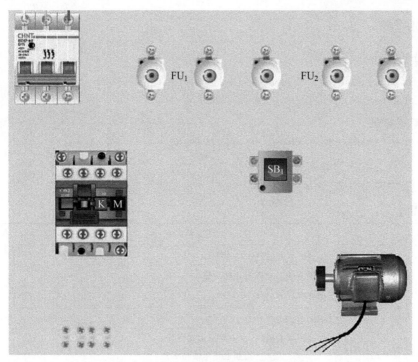

图 2-3 点动正转控制线路仿真实物图

11. 交验。

12. 通电试车。为保证人身安全,在通电试车时,要认真执行安全操作规程的有关规定,一人监护,一人操作。试车前应检查与通电试车有关的电气设备是否有不安全的因素存在,若查出应立即整改,然后方能试车。

(1) 通电试车前,必须征得指导教师同意,并由教师接通三相电源 L_1、L_2、L_3,同时在现场监护。学生合上电源开关 QS 后,用测电笔检查熔断器出线端,若氖管亮,说明电源接通。按下 SB,观察接触器情况是否正常,是否符合线路功能要求;观察电器元件动作是否灵活,有无卡、阻及噪声过大等现象;观察电动机运行是否正常等。但不得对线路接线是否正确进行带电检查。观察过程中,若有异常现象应马上停车。当电动机运转平稳后,用钳形电流表测量三相电流是否平衡。

(2) 试车成功率以通电后第一次按下按钮时计算。

(3) 出现故障后,学生应独立进行检修。当需要带电进行检查时,指导教师必须在现场监护。检修完毕后,如果需要再次试车,也应该有指导教师监护,并做好时间记录。

(4) 通电试车完毕,停转,切断电源。先拆除三相电源线,再拆除电动机线。

实训要求

1. 电动机及按钮的金属外壳必须可靠接地。接至电动机的导线必须穿在导线通道内加以保护,或采用坚韧的四芯橡皮线或塑料护套线,进行临时通电校验。

2. 按钮内接线时,用力不可过猛,以防螺钉打滑。

3. 训练应在规定定额时间内完成。

实训考核

1. 实训报告

(1) 在安装过程中体会各低压电器的作用,并用简单的语言予以描述。

(2) 实验中发生过什么故障?是如何排除的?

2. 考核要求

(1) 在规定时间内能正确安装,且试运转成功。

(2) 安装工艺达到基本要求,接触良好。

(3) 遵守安全规程,做到文明生产。

3. 评分卡

考核内容	配分	评分标准	扣分	得分	备注
安装元件	15	1. 元件安装不合理每只扣 3 分 2. 元件安装不紧固每只扣 4 分 3. 损坏元件每只扣 10 分			
布线	30	1. 不按原理图接线扣 25 分 2. 布线不符合要求:主电路每根扣 4 分 　　　　　　　　控制电路每根扣 2 分 3. 接点松动、露铜、反圈每个扣 1 分 4. 损伤导线绝缘或线芯每根扣 5 分			
通电试车	40	1. 第一次试车不成功扣 15 分 2. 第二次试车不成功共扣 25 分 3. 第三次试车不成功共扣 35 分			
安全文明	15	1. 工作服穿戴不整齐扣 5 分 2. 工具摆放不整齐扣 5 分 3. 工位不清洁、不整洁扣 5 分 4. 严重违反安全操作规程扣 15 分 5. 损坏工具、器具扣 10 分			
考核时间	60 分钟	每超过 10 分钟扣 5 分,不足 10 分钟扣 5 分			
开始时间		结束时间		评分	

课题四　具有过载保护的自锁正转控制线路的装调

实训目的

1. 熟悉接触器自锁正转控制线路的工作原理。
2. 掌握具有过载保护的接触器自锁正转控制线路的安装。

实训材料

1. 工具:测电笔、螺钉旋具、尖嘴钳、斜口钳、剥线钳、电工刀等。

2. 仪表：兆欧表、钳形电流表、万用表。
3. 器材(见表2-3)：

表2-3 元件明细表

电路符号	名称	型号	规格	数量
M	三相异步电动机	YS7124-4	370W、380V、1.12A、△/Y接法、1440r/min	1
QS	组合开关	DZ47-60/3	三极、60A	1
FU_1	熔断器	RT28N-32X	500V、32A、配熔体10A	3
FU_2	熔断器	RT28N-32X	500V、32A、配熔体10A	2
KM	交流接触器		20A、线圈电压380V	1
FR	热继电器	CJX2-0901	三极、20A、整定电流8.8A	2
$SB_1 \sim SB_2$	按钮	YBLX-K1/111	平头式、380V、5A	2
XT	端子板		380V、10A、20节	若干
	主电路导线	NP4	1.5mm²(7×φ0.52mm)	若干
	控制电路导线	JX-1020	1mm²(7×φ0.43mm)	若干
	按钮线	BVR-1.0	0.75mm²	若干
	走线槽	BVR-0.75	18mm×25mm	若干
	控制柜	BVR-1.5		1

原理分析

过载保护是指当电动机出现过载时电动机电源能自动切断，使电动机停转的一种保护措施。最常用的过载保护是由热继电器来实现的。具有过载保护的自锁正转控制线路如图2-4所示。此线路与接触器自锁正转控制线路的区别是增加了一个热继电器FR，并把其热元件串接在三相主电路中，把常闭触头串接在控制电路中。

在照明、电加热等电路中，熔断器FU既可能作短路保护，也可以作过载保护。但对三相异步电动机控制线路来说，熔断器只能用作短路保护。因为三相异步电动机的启动电流很大(全压启动时的启动电流能达到额定电流的4~7倍)，若用熔断器作过载保护，则选择熔断器的额定电流就应等于或略大于电动机的额定电流，这样电动机在启动时，由于启动电流大大超过了熔断器的额定电流，使熔断器在很短的时间内熔断，造成电动机无法启动。所以熔断器只能作短路保护，熔体额定电流应取电动机额定电流的1.5~2.5倍。

热继电器在三相异步电动机控制线路中也只能作过载保护，不能作短路保护。因为热继电器的热惯性大，即热继电器的双金属片受热膨胀弯曲需要一定时间。当电动机发生短路时，由于短路电流很大，热继电器还没来得及动作，供电线路和电源设备可能已经损坏。而在电动机启动时，由于启动时间很短，热继电器还未动作，电动机已启动完毕。总之，热继电器与熔断器两者所起的作用不同，不能相互代替。

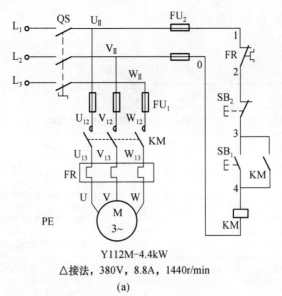

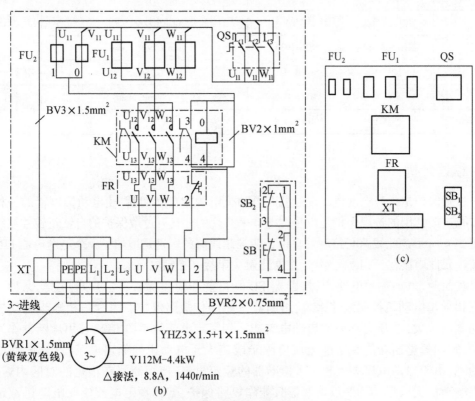

图 2-4 具有过载保护的自锁单向控制线路

(a) 电气原理图;(b) 电气安装接线图;(c) 电器元件布置图。

实训步骤

根据具有过载保护的接触器自锁正转控制线路加装热继电器 FR,完成具有过载保护的接触器自锁正转控制线路的安装。进行电路安装前,根据图 2-4 完成实物仿真图 2-5

的连接(不同的线路建议用不同颜色的铅笔绘制,以免混淆)。

图2-5　具有过载保护的自锁正转控制线路实物仿真图

实训要求

1. 热继电器的热元件应串接在主电路中,其常闭触头应串接在控制电路中。

2. 热继电器的整定电流应根据所接电动机的额定电流进行调整。绝对不允许弯折双金属片。

3. 在一般情况下,热继电器应置于手动复位的位置上。若需要自动复位时,可将复位调节螺钉沿顺时针方向向里旋足。

4. 电动机过载动作后,若需再次启动电动机,必须待热元件冷却才能使热继电器复位。(一般自动复位时间不大于5min,手动复位时间不大于2min)

5. 编码套管套装要正确。

6. 启动电动机时,在按下启动按钮SB_1的同时,还必须按住停止按钮SB_2,以保证万一出现故障时可立即按下SB_2停车,以防止事故的扩大。

实训考核

1. 实训报告

（1）在安装过程中体会原理图、接线图、布置图之间的联系，并分析各自的优点。

（2）分析具有过载保护的自锁正转控制线路的失电压（或零电压）、欠电压与过载保护作用。

（3）热继电器的整定值调节的原则是什么？

（4）自锁点 3 号线和 2 号线的错接会发生什么现象？

（5）实验中发生过什么故障？是如何排除的？

2. 考核要求

（1）在规定时间内能正确安装电路，且试运转成功。

（2）安装工艺达到基本要求，线头长短适当、接触良好。

（3）遵守安全规程，做到文明生产。

3. 评分卡

考核内容	配分	评分标准	扣分	得分	备注
安装元件	15	1. 元件安装不合理每只扣 3 分 2. 元件安装不紧固每只扣 4 分 3. 损坏元件每只扣 10 分			
布线	30	1. 不按原理图接线扣 25 分 2. 布线不符合要求：主电路每根扣 4 分 　　　　　　　　　控制电路每根扣 2 分 3. 接点松动、露铜、反圈每个扣 1 分 4. 损伤导线绝缘或线芯每根扣 5 分			
通电试车	40	1. 第一次试车不成功扣 15 分 2. 第二次试车不成功共扣 25 分 3. 第三次试车不成功共扣 35 分			
安全文明	15	1. 工作服穿戴不整齐扣 5 分 2. 工具摆放不整齐扣 5 分 3. 工位不清洁、不整洁扣 5 分 4. 严重违反安全操作规程扣 15 分 5. 损坏工具、器具扣 10 分			
考核时间	100 分钟	每超过 10 分钟扣 5 分，不足 10 分钟扣 5 分			
开始时间		结束时间		评分	

课题五　点动与连续正转控制线路的安装

实训目的

1. 熟悉已学低压电器的结构、工作原理。

2. 理解点动与连续正转控制原理，掌握点动与连续正转控制线路的安装。

实训材料

1. 工具：测电笔、螺钉旋具、尖嘴钳、斜口钳、剥线钳、电工刀等。
2. 仪表：兆欧表、钳形电流表、万用表。
3. 器材（见表2-4）：

表2-4 元件明细表

电路符号	名称	型号	规格	数量
M	三相异步电动机	YS7124-4	370W、380V、1.12A、△/Y接法、1440r/min	1
QS	组合开关	DZ47-60/3	三极、60A	1
FU_1	熔断器	RT28N-32X	500V、32A、配熔体10A	3
FU_2	熔断器	RT28N-32X	500V、32A、配熔体10A	2
KM	交流接触器		20A、线圈电压380V	1
FR	热继电器	CJX2-0901	三极、20A、整定电流8.8A	2
SB_1~SB_3	按钮	YBLX-K1/111	平头式、380V、5A	3
XT	端子板		380V、10A、20节	若干
	主电路导线	NP4	$1.5mm^2$（$7×\phi0.52mm$）	若干
	控制电路导线	JX-1020	$1mm^2$（$7×\phi0.43mm$）	若干
	按钮线	BVR-1.0	$0.75mm^2$	若干
	走线槽	BVR-0.75	18mm×25mm	若干
	控制柜	BVR-1.5		1

原理分析

1. 原理图

点动与连续正转控制线路如图2-6所示。

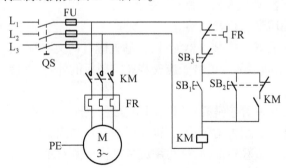

图2-6 点动与连续单向控制线路

2. 工作原理

（1）正转控制：

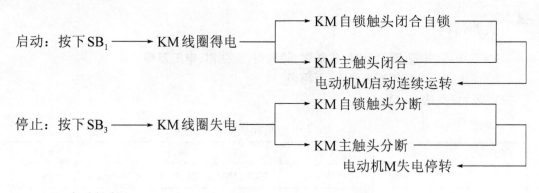

(2) 点动控制：

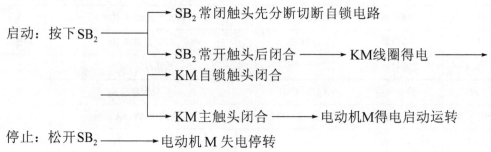

实训步骤

1. 识读点动与连续正转控制线路，明确线路所用电器元件及作用，熟悉线路的工作原理。进行电路安装前，完成实物仿真图的连接如图 2-7 所示。

2. 按表 2-4 配齐所用电器元件，并进行检验。

（1）电器元件、技术数（如型号、规格、额定电压、额定电流等）应完整并符合要求，外观无损伤，备件、附件齐全完好。

（2）检查电器元件的电磁机构动作是否灵活，有无衔铁卡阻等不正常现象。用万用表检查电磁线圈的通断情况以及各触头的分合情况。

（3）接触器线圈额定电压和电源电压是否一致。

（4）对电动机的质量进行常规检查。

3. 在控制板上按布置图安装电器元件，并贴上醒目的文字符号。

（1）组合开关、熔断器的受电端子应安装在控制板的外侧，并使熔断器的受电端为底座的中心端。

（2）各元件的安装位置应整齐、匀称，间距合理，便于元件的更换。

（3）紧固各元件时要用力均匀，紧固程度适当。在紧固熔断器、接触器等易碎裂元件时，应用手按住元件，一边轻轻摇动，一边用旋具轮换旋紧对角线上的螺钉，直到手摇不动后再适当旋紧些即可。

4. 按接线图的走线方法进行板前明线布线和套编码套管。

（1）布线通道尽可能少，同路并行导线按主、控电路分类集中，单层密排，紧贴安装面布线。

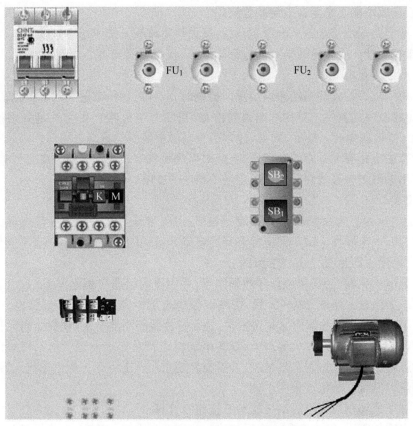

图 2-7 点动与连续单向控制线路实物仿真图

（2）同一平面的导线应高低一致或前后一致，不能交叉。非交叉不可时，该根导线应在接线端子引出时，水平架空跨越，但必须走线合理。

（3）布线应横平竖直，分布均匀，变换走向时应垂直。

（4）布线时严禁损坏线芯和导线绝缘。

（5）布线顺序一般以接触器为中心，由里向外，由低至高，先控制电路，后主电路进行，以不妨碍后续布线为原则。

（6）在每根剥去绝缘层导线的两端套上编码套管。所有从一个接线端子（或接线桩）到另一个接线端子（或接线桩）的导线必须连续，中间无接头。

（7）导线与接线端子或接线桩连接时，不得压绝缘层、不反圈及不露铜过长。

（8）同一元件、同一回路的不同接点的导线间距离应保持一致。

（9）一个电器元件接线端子上的连接导线不得多于两根，每节接线端子板上的连接导线一般只允许连接一根。

5. 根据电路图检查控制板布线的正确性。

6. 安装电动机。

7. 连接电动机和按钮金属外壳的保护接地线。

8. 连接电源、电动机等控制板外部的导线。

9. 自检。安装完毕的控制线路板，必须经过认真检查以后才允许通电试车，以防止错接、漏接造成不能正常运转或短路事故。

(1) 按电路图或接线图从电源端开始,逐段核对接线及接线端子处线号是否正确,有无漏接、错接之处。检查导线接点是否符合要求,压接是否牢固。接触要良好,以免带负载运行时产生闪弧现象。

(2) 用万用表检查线路的通断情况。检查时,应选用低倍率适当的电阻挡,并进行校零、以防短路故障的发生。对控制电路的检查(可断开主电路),可将表笔分别搭在 U_{11}、V_{11} 线端上,读数应为∞。按下 SB 时,读数应为接触器线圈的直流电阻值。然后断开控制电路再检查主电路有无开路或短路现象,此时可用手动来代替接触器通电进行检查。

(3) 用兆欧表检查线路的绝缘电阻应不得小于 $1M\Omega$。

10. 交验。

11. 通电试车。为保证人身安全,在通电试车时,要认真执行安全操作规程的有关规定,一人监护,一人操作。试车前应检查与通电试车有关的电气设备是否有不安全的因素存在,若查出应立即整改,然后方能试车。

(1) 通电试车前,必须征得指导教师同意,并由教师接通三相电源 L_1、L_2、L_3,同时在现场监护。学生合上电源开关 QS 后,用测电笔检查熔断器出线端,若氖管亮,说明电源接通。按下 SB,观察接触器情况是否正常,是否符合线路功能要求;观察电器元件动作是否灵活,有无卡、阻及噪声过大等现象;观察电动机运行是否正常等。但不得对线路接线是否正确进行带电检查。观察过程中,若有异常现象应马上停车。当电动机运转平稳后,用钳形电流表测量三相电流是否平衡。

(2) 试车成功率以通电后第一次按下按钮时计算。

(3) 出现故障后,学生应独立进行检修。当需要带电进行检查时,指导教师必须在现场监护。检修完毕后,如果需要再次试车,也应该有指导教师监护,并做好时间记录。

(4) 通电试车完毕,停转,切断电源。先拆除三相电源线,再拆除电动机线。

实训要求

1. 电动机及按钮的金属外壳必须可靠接地。接至电动机的导线必须穿在导线通道内加以保护,或采用坚韧的四芯橡皮线或塑料护套线,进行临时通电校验。

2. 电源进线应接在螺旋式熔断器的下接线座上,出线端则应接在上接线座上。

3. 按钮内接线时,用力不可过猛,以防螺钉打滑。

4. 训练应在规定定额时间内完成。训练结束后,安装的控制板留用。

实训考核

1. 实训报告

(1) 在安装过程中体会各低压电器的作用,并用简单的语言予以描述。

(2) 实验中发生过什么故障?是如何排除的?

2. 考核要求

(1) 在规定时间内能正确安装,且试运转成功。

(2) 安装工艺达到基本要求,接触良好。

(3) 遵守安全规程,做到文明生产。

3. 评分卡

考核内容	配分	评分标准	扣分	得分	备注
安装元件	15	1. 元件安装不合理每只扣 3 分 2. 元件安装不紧固每只扣 4 分 3. 损坏元件每只扣 10 分			
布线	30	1. 不按原理图接线扣 25 分 2. 布线不符合要求：主电路每根扣 4 分 　　　　　　　　控制电路每根扣 2 分 3. 接点松动、露铜、反圈每个扣 1 分 4. 损伤导线绝缘或线芯每根扣 5 分			
通电试车	40	1. 第一次试车不成功扣 15 分 2. 第二次试车不成功共扣 25 分 3. 第三次试车不成功共扣 35 分			
安全文明	15	1. 工作服穿戴不整齐扣 5 分 2. 工具摆放不整齐扣 5 分 3. 工位不清洁、不整洁扣 5 分 4. 严重违反安全操作规程扣 15 分 5. 损坏工具、器具扣 10 分			
考核时间	100 分钟	每超过 10 分钟扣 5 分，不足 10 分钟扣 5 分			
开始时间		结束时间		评分	

课题六　接触器联锁正反转控制线路的装调

实训目的

1. 熟悉接触器联锁正反转控制线路的工作原理。
2. 掌握接触器联锁正反转控制线路的安装。

实训材料

1. 工具：测电笔、螺钉旋具、尖嘴钳、斜口钳、剥线钳、电工刀、校验灯等。
2. 仪表：兆欧表、钳形电流表、万用表。
3. 器材（见表 2-5）：

表 2-5　元件明细表

电路符号	名称	型号	规格	数量
M	三相异步电动机	YS7124-4	370W、380V、1.12A、△/Y 接法、1440r/min	1
QS	组合开关	DZ47-60/3	三极、60A	1
FU_1	熔断器	RT28N-32X	500V、32A、配熔体 10A	3
FU_2	熔断器	RT28N-32X	500V、32A、配熔体 10A	2

(续)

电路符号	名称	型号	规格	数量
KM$_1$~KM$_2$	交流接触器		20A、线圈电压 380V	2
FR	热继电器	CJX2-0901	三极、20A、整定电流 8.8A	2
SB$_1$~SB$_3$	按钮	YBLX-K1/111	平头式、380V、5A	3
XT	端子板		380V、10A、20 节	若干
	主电路导线	NP4	1.5mm^2(7×φ0.52mm)	若干
	控制电路导线	JX-1020	1mm^2(7×φ0.43mm)	若干
	按钮线	BVR-1.0	0.75mm^2	若干
	走线槽	BVR-0.75	18mm×25mm	若干
	控制柜	BVR-1.5		1

原理分析

1. 工作原理

接触器联锁的正反转控制线路如图 2-8 所示。线路中采用了两个接触器,即正转用的接触器 KM$_1$ 和反转用的接触器 KM$_2$,它们分别由正转按钮 SB$_1$ 和反转按钮 SB$_2$ 控制。从主电路图中可以看出,这两个接触器的主触头所接通的电源相序不同,KM$_1$ 按"L$_1$-L$_2$-L$_3$"相序连接,KM$_2$ 则按"L$_3$-L$_2$-L$_1$"相序联接。相应地控制电路有两条,一条是由按钮 SB$_1$ 和 KM$_1$ 线圈等组成的正转控制电路;另一条是由按钮 SB$_2$ 和 KM$_2$ 线圈等组成的反转控制电路。

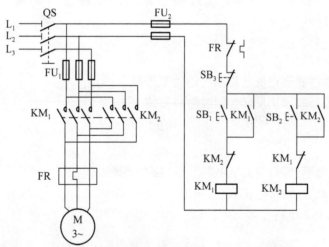

图 2-8 接触器联锁正反转控制线路

必须指出,接触器 KM$_1$ 和 KM$_2$ 的主触头绝不允许同时闭合,否则将造成两相电源(L$_1$ 相和 L$_3$ 相)短路事故。为了避免两个接触器 KM$_1$ 和 KM$_2$ 同时得电动作,就在正反转控制电路中分别串接了对方接触器的一对常闭辅助触头,这样,当一个接触器得电动作时,通过其常闭辅助触头使另一个接触器不能得电动作,接触器间这种相互制约的作用叫接触器联锁(或互锁)。实现联锁作用的常闭辅助触头称为联锁触头(或互锁触头),联锁符号用▽表示。

接触器联锁正反转控制线路的优点是工作安全可靠,缺点是操作不便。因电动机从正转变为反转时,必须先按下停止按钮后,才能按反转启动按钮,否则由于接触器的联锁作用,不能实现反转。为克服此线路的不足,可采用按钮联锁或按钮和接触器双重联锁的正反转控制线路。

2. 进行电路安装前,完成实物仿真图的连接,如图2-9所示。

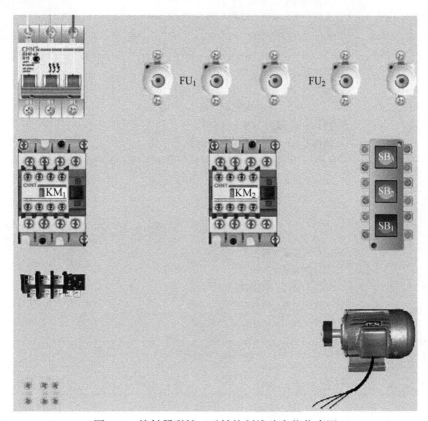

图2-9 接触器联锁正反转控制线路实物仿真图

实训步骤

与课题五相同。

实训考核

1. 实训报告

(1)说明联锁的含义。

(2)分析接触器联锁正反转控制线路的工作原理,说明这种线路的方便性和安全可靠性。

(3)实验中发生过什么故障?是如何排除的?

2. 考核要求

（1）在规定的时间内能正确安装电路，且试运转成功。

（2）安装工艺达到基本要求，接点牢靠、接触良好。

（3）文明安全操作，没有安全事故。

3. 评分卡

考核内容	配分	评分标准	扣分	得分	备注
安装元件	15	1. 元件安装不合理每只扣 3 分 2. 元件安装不紧固每只扣 4 分 3. 损坏元件每只扣 10 分			
布线	30	1. 不按原理图接线扣 25 分 2. 布线不符合要求：主电路每根扣 4 分 　　　　　　　　控制电路每根扣 2 分 3. 接点松动、露铜、反圈每个扣 1 分 4. 损伤导线绝缘或线芯每根扣 5 分			
通电试车	40	1. 第一次试车不成功扣 15 分 2. 第二次试车不成功共扣 25 分 3. 第三次试车不成功共扣 35 分			
安全文明	15	1. 工作服穿戴不整齐扣 5 分 2. 工具摆放不整齐扣 5 分 3. 工位不清洁、不整洁扣 5 分 4. 严重违反安全操作规程扣 15 分 5. 损坏工具、器具扣 10 分			
考核时间	60 分钟	每超过 10 分钟扣 5 分，不足 10 分钟扣 5 分			
开始时间		结束时间	评分		

课题七　双重联锁正反转控制线路的装调

实训目的

1. 熟悉双重联锁正反转控制线路的工作原理。
2. 掌握双重联锁正反转控制线路的安装与调试。

实训材料

1. 工具：测电笔、螺钉旋具、尖嘴钳、斜口钳、剥线钳、电工刀、校验灯等。
2. 仪表：兆欧表、钳形电流表、万用表。
3. 器材：

表 2-6 元件明细表

电路符号	名称	型号	规格	数量
M	三相异步电动机	YS7124-4	370W、380V、1.12A、△/Y 接法、1440r/min	1
QS	组合开关	DZ47-60/3	三极、60A	1
FU_1	熔断器	RT28N-32X	500V、32A、配熔体 10A	3
FU_2	熔断器	RT28N-32X	500V、32A、配熔体 10A	2
$KM_1 \sim KM_2$	交流接触器		20A、线圈电压 380V	2
FR	热继电器	CJX2-0901	三极、20A、整定电流 8.8A	2
$SB_1 \sim SB_3$	按钮	YBLX-K1/111	平头式、380V、5A	3
XT	端子板		380V、10A、20 节	若干
	主电路导线	NP4	1.5mm²(7×φ0.52mm)	若干
	控制电路导线	JX-1020	1mm²(7×φ0.43mm)	若干
	按钮线	BVR-1.0	0.75mm²	若干
	走线槽	BVR-0.75	18mm×25mm	若干
	控制柜	BVR-1.5		1

原理分析

为克服接触器联锁正反转控制线路和按钮联锁正反转控制线路的不足,在按钮联锁的基础上又增加了接触器联锁,构成按钮、接触器双重联锁正反转控制线路,如图 2-10 所示。该线路兼有两种联锁控制线路的优点,操作方便,工作安全可靠。进行电路安装前,完成实物仿真图的连接,如图 2-11 所示。

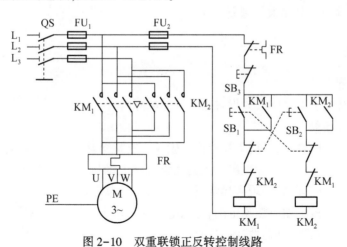

图 2-10 双重联锁正反转控制线路

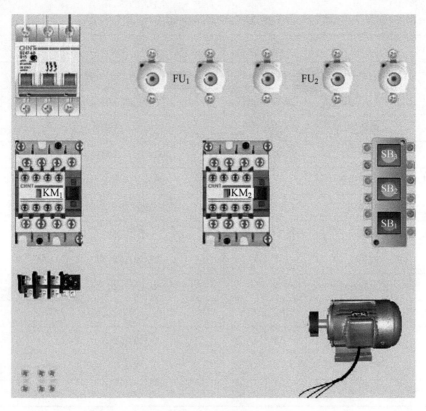

图 2-11 双重联锁正反转控制线路实物仿真图

安装训练

1. 根据图 2-10 所示的电气原理图,将其改画成双重联锁正反转控制的接线图。
2. 根据电路图和接线图,将课题六装好留用的线路板,改装成双重联锁的正反转控制线路。操作时,注意体会该线路的优点。
3. 安装步骤和工艺要求与课题六相同。

检修训练

1. 故障设置

在控制电路或主电路中人为设置电气自然故障两处。

2. 教师示范检修

教师进行示范检修时,可把下述检修步骤及要求贯穿其中,直至故障排除。

(1) 用试验法来观察故障现象。主要注意观察电动机的运行情况、接触器的动作情况和线路的工作情况等,如发现有异常情况,应马上断电检查。

(2) 用逻辑分析法缩小故障范围,并在电路图上用虚线标出故障部位的最小范围。

(3) 用测量法正确、迅速地找出故障点。

(4) 根据故障点的不同情况采取正确的修复方法,迅速排除故障。

(5) 排除故障后通电试车。

3. 学生检修

教师示范检修后，再由指导教师重新设置两个故障点，让学生进行检修。在学生检修的过程中，教师可进行启发性的示范指导。

4. 检修训练时应注意以下几点：

（1）要认真听取和仔细观察指导教师在示范过程中的讲解和检修操作。
（2）要熟练掌握电路图中各个环节的作用。
（3）在排除故障过程中，故障分析的思路和方法要正确。
（4）工具和仪表使用要正确。
（5）带电检修故障时，必须有指导教师在现场监护，并要确保用电安全。
（6）检修必须在定额时间内完成。

▲ 实训考核

1. 实训报告

（1）说明双重联锁的含义。
（2）分析双重联锁的正反转控制线路的工作原理，说明这种线路的方便性和安全可靠性。
（3）实验中发生过什么故障？是如何排除的？

2. 考核要求

（1）在规定的时间内能正确安装电路，且试运转成功。
（2）安装工艺达到基本要求，接点牢靠、接触良好。
（3）文明安全操作，没有安全事故。

3. 评分卡

考核内容	配分	评分标准	扣分	得分	备注
安装元件	15	1. 元件安装不合理每只扣 3 分 2. 元件安装不紧固每只扣 4 分 3. 损坏元件每只扣 10 分			
布线	30	1. 不按原理图接线扣 25 分 2. 布线不符合要求：主电路每根扣 4 分 　　　　　　　　　控制电路每根扣 2 分 3. 接点松动、露铜、反圈每个扣 1 分 4. 损伤导线绝缘或线芯每根扣 5 分			
通电试车	40	1. 第一次试车不成功扣 15 分 2. 第二次试车不成功共扣 25 分 3. 第三次试车不成功共扣 35 分			
安全文明	15	1. 工作服穿戴不整齐扣 5 分 2. 工具摆放不整齐扣 5 分 3. 工位不清洁、不整洁扣 5 分 4. 严重违反安全操作规程扣 15 分 5. 损坏工具、器具扣 10 分			
考核时间	60 分钟	每超过 10 分钟扣 5 分，不足 10 分钟扣 5 分			
开始时间		结束时间		评分	

课题八 多地控制的接触器连锁控制线路的装调

实训目的

1. 熟悉多地控制的接触器连锁控制线路的工作原理。
2. 掌握多地控制的接触器连锁控制线路的安装。

实训材料

1. 工具:测电笔、螺钉旋具、尖嘴钳、斜口钳、剥线钳、电工刀、校验灯等。
2. 仪表:兆欧表、钳形电流表、万用表。
3. 器材(见表2-7):

表2-7 元件明细表

电路符号	名称	型号	规格	数量
M	三相异步电动机	YS7124-4	370W、380V、1.12A、△/Y接法、1440r/min	1
QS	组合开关	DZ47-60/3	三极、60A	1
FU_1	熔断器	RT28N-32X	500V、32A、配熔体10A	3
FU_2	熔断器	RT28N-32X	500V、32A、配熔体10A	2
KM	交流接触器		20A、线圈电压380V	1
FR	热继电器	CJX2-0901	三极、20A、整定电流8.8A	2
$SB_1 \sim SB_4$	按钮	YBLX-K1/111	平头式、380V、5A	4
XT	端子板		380V、10A、20节	若干
	主电路导线	NP4	1.5mm²(7×φ0.52mm)	若干
	控制电路导线	JX-1020	1mm²(7×φ0.43mm)	若干
	按钮线	BVR-1.0	0.75mm²	若干
	走线槽	BVR-0.75	18mm×25mm	若干
	控制柜	BVR-1.5		1

原理分析

1. 电路说明

图 2-12 中 SB_{11}、SB_{12} 为安装在甲地的启动按钮;SB_{21}、SB_{22} 为安装在乙地的启动按钮。线路特点:两地的启动按钮 SB_{11}、SB_{21} 要并联接在一起;停止按钮 SB_{12}、SB_{22} 要串联接在一起。这样就可以分别在甲、乙两地启动和停止同一台电动机,达到操作方便之目的。

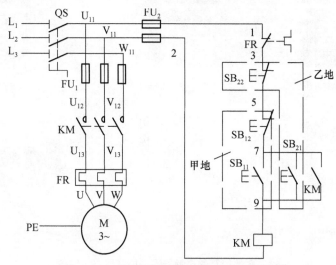

图 2-12 多地控制的接触器连锁控制线路

2. 工作原理

先合上电源开关 QS。

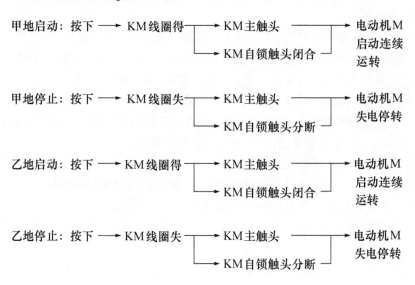

进行电路安装前,完成实物仿真图的连接,如图 2-13 所示。

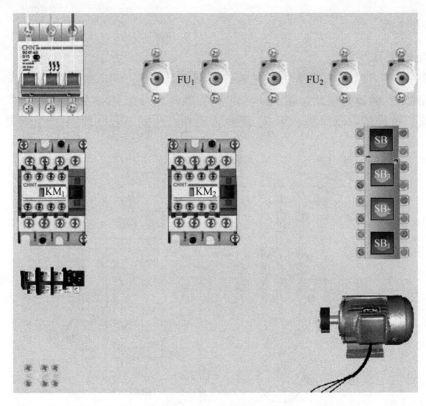

图 2-13　多地控制的接触器连锁控制线路实物仿真图

实训步骤

1. 配齐所用电器元件,并进行质量检验。电器元件应完好无损,各项技术指标符合规定要求,否则应予以更换。

2. 根据自己所画电器元件布置图,在控制板上按图安装所有的电器元件,并贴上醒目的文字符号。安装时,元件排列要整齐、匀称、间距合理,且便于元件的更换;紧固电器元件时用力要均匀,紧固程度适当,做到既要元件安装牢固,又不使其损坏。

3. 按自己设计的电气控制接线图,进行板前明线布线和套编码套管。做到布线横平竖直、整齐、分布均匀、紧贴安装面、走线合理;套编码套管要正确;严禁损伤线芯和导线绝缘;接点牢靠,不得松动,不得压绝缘层,不反圈及不露铜过长等。

4. 根据电路图检查控制板布线的正确性。

5. 安装电动机。做到安装牢固平稳,以防止在换向时产生滚动而引起事故。

6. 可靠连接电动机和按钮金属外壳的保护接地线。

7. 连接电源、电动机等控制板外部的导线。导线要敷设在导线通道内,或采用绝缘良好的橡皮进行通电校验。

8. 自检。安装完毕的控制线路板,必须按要求进行认真检查,确保无误后才允许通电试车。

9. 交验合格后,通电试车。通电时,必须经指导教师同意后,由指导教师接通电源,并在现场进行监护。出现故障后,学生应独立进行检修。当需带电检查时,也必须有教师在现场监护。

10. 通电试车完毕,停转、切断电源。先拆除三相电源线,再拆除电动机负载线。

▲ 实训要求

1. 启动按钮 SB_{11}、SB_{21} 要并联接在一起,停止按钮 SB_{12}、SB_{22} 要串联接在一起。

2. 通电试车时,应先合上 QS,再按下按钮 SB_{11}、SB_{21},看控制是否正确,再按下按钮 SB_{12}、SB_{22},观察控制是否正确。

3. 训练应在规定的定额时间内完成,同时要做到安全操作和文明生产。

▲ 实训考核

1. 实训报告

(1) 说明多地控制的含义。

(2) 分析多地控制的接触器连锁控制线路的工作原理,说明这种线路的方便性。

(3) 实验中发生过什么故障?是如何排除的?

2. 考核要求

(1) 在规定的时间内能正确安装电路,且试运转成功。

(2) 安装工艺达到基本要求,接点牢靠、接触良好。

(3) 文明安全操作,没有安全事故。

3. 评分卡

考核内容	配分	评分标准	扣分	得分	备注
安装元件	15	1. 元件安装不合理每只扣 3 分 2. 元件安装不紧固每只扣 4 分 3. 损坏元件每只扣 10 分			
布线	30	1. 不按原理图接线扣 25 分 2. 布线不符合要求:主电路每根扣 4 分 　　　　　　　　控制电路每根扣 2 分 3. 接点松动、露铜、反圈每个扣 1 分 4. 损伤导线绝缘或线芯每根扣 5 分			
通电试车	40	1. 第一次试车不成功扣 15 分 2. 第二次试车不成功共扣 25 分 3. 第三次试车不成功共扣 35 分			
安全文明	15	1. 工作服穿戴不整齐扣 5 分 2. 工具摆放不整齐扣 5 分 3. 工位不清洁、不整洁扣 5 分 4. 严重违反安全操作规程扣 15 分 5. 损坏工具、器具扣 10 分			
考核时间	60 分钟	每超过 10 分钟扣 5 分,不足 10 分钟扣 5 分			
开始时间		结束时间		评分	

课题九　工作台自动往返控制线路的装调

实训目的

1. 熟悉位置控制线路的工作原理。
2. 掌握工作台自动往返控制线路的安装与检修以及位置开关的作用。

实训材料

1. 工具：测电笔、螺钉旋具、尖嘴钳、斜口钳、剥线钳、电工刀、校验灯等。
2. 仪表：兆欧表、钳形电流表、万用表。
3. 器材（见表2-8）：

表2-8　元件明细表

电路符号	名称	型号	规格	数量
M	三相异步电动机	YS7124-4	370W、380V、1.12A、△/Y接法、1440r/min	1
QS	组合开关	DZ47-60/3	三极、60A	1
FU_1	熔断器	RT28N-32X	500V、32A、配熔体10A	3
FU_2	熔断器	RT28N-32X	500V、32A、配熔体10A	2
$KM_1 \sim KM_2$	交流接触器		20A、线圈电压380V	2
FR	热继电器	CJX2-0901	三极、20A、整定电流8.8A	2
SQ	位置开关	JZC1-44	滚轮式	4
$SB_1 \sim SB_3$	按钮	YBLX-K1/111	平头式、380V、5A	3
XT	端子板		380V、10A、20节	若干
	主电路导线	NP4	$1.5mm^2$（7×φ0.52mm）	若干
	控制电路导线	JX-1020	$1mm^2$（7×φ0.43mm）	若干
	按钮线	BVR-1.0	$0.75mm^2$	若干
	走线槽	BVR-0.75	18mm×25mm	若干
	控制柜	BVR-1.5		1

原理分析

如图2-14所示先合上QS，按下正转按钮SB_2，接触器KM_1线圈通电并自锁，电动机正向旋转，拖动工作台前进，到达加工终点，挡铁压下SQ_2，其常闭触头断开，KM_1失电，电动机停止正转,但 SQ_2 常开触头闭合,又使接触器 KM_2 线圈通电并自锁,电动机反向启动运转,拖动工作台后退,当后退到加工终点时,挡铁压下 SQ_1,其常闭触头断开,KM_2 失电,KM_1 线圈通电并自锁,电动机由反转变为正转,工作台由后退变为前进,如此反复地自动往返工作。

按下停止按钮 SB_1 时,电动机停止,工作台停止运动。

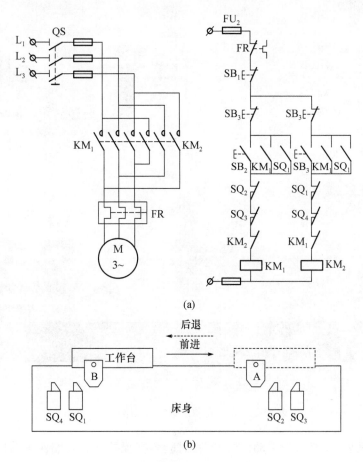

图 2-14 工作台自动往返控制线路

若 SQ_1、SQ_2 失灵,则由极限限位开关 SQ_3、SQ_4 实现保护,避免工作台因超出极限位置而发生事故。

实训步骤

安装步骤和工艺要求与课题八相同。进行电路安装前,完成实物仿真图的连接,如图 2-15 所示。

实训要求

1. 安装后,必须用手动工作台或受控机械进行试验,合格后才能使用。训练中若无条件进行实际机械安装试验,可将位置开关左右两侧扳动进行手控模拟试验。

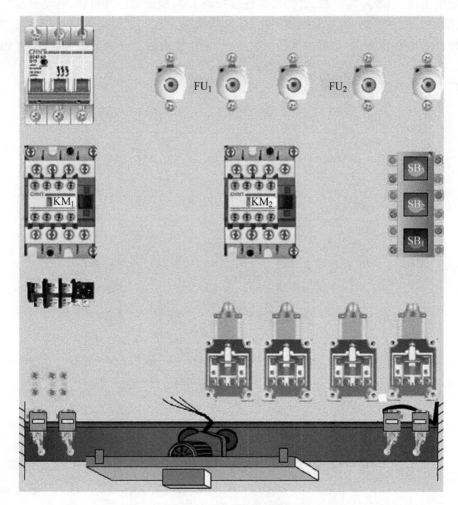

图 2-15 工作台自动往返控制线路实物仿真图

2. 通电校验时,必须先手动位置开关,试验各行程控制和终端保护动作是否正常可靠。若在电动机正转(工作台向右运动)时,扳动位置开关 SQ_2,电动机不反转且继续正转,则可能是由 KM_2 的主触头接线不正确引起,须断电进行纠正后再试,以防止发生设备事故。

3. 安装训练应在规定定额时间内完成。同时要做到安全操作和文明生产。

实训考核

1. 实训报告

(1) 分析工作原理,说明该线路的方便性和安全可靠性。
(2) 设计一个带点动的限位控制电路。
(3) 实验中发生过什么故障?是如何排除的?

2. 考核要求

(1) 在规定的时间内能正确安装电路,且试运转成功,操作方法正确。

(2) 安装工艺达到基本要求,线头长短适当,接点牢靠,接触良好。
(3) 文明安全操作,没有电器损坏及安全事故。

3. 评分卡

考核内容	配分	评分标准	扣分	得分	备注
安装元件	15	1. 元件安装不合理每只扣 3 分 2. 元件安装不紧固每只扣 4 分 3. 损坏元件每只扣 10 分			
布线	30	1. 不按原理图接线扣 25 分 2. 布线不符合要求:主电路每根扣 4 分 　　　　　　　　控制电路每根扣 2 分 3. 接点松动、露铜、反圈每个扣 1 分 4. 损伤导线绝缘或线芯每根扣 5 分			
通电试车	40	1. 第一次试车不成功扣 15 分 2. 第二次试车不成功共扣 25 分 3. 第三次试车不成功共扣 35 分			
安全文明	15	1. 工作服穿戴不整齐扣 5 分 2. 工具摆放不整齐扣 5 分 3. 工位不清洁、不整洁扣 5 分 4. 严重违反安全操作规程扣 15 分 5. 损坏工具、器具扣 10 分			
考核时间	60 分钟	每超过 10 分钟扣 5 分,不足 10 分钟扣 5 分			
开始时间		结束时间	评分		

课题十　顺序控制线路的装调

实训目的

1. 熟悉顺序控制线路的工作原理。
2. 掌握顺序控制线路的安装与检修。

实训材料

1. 工具:测电笔、螺钉旋具、尖嘴钳、斜口钳、剥线钳、电工刀、校验灯等。
2. 仪表:兆欧表、钳形电流表、万用表。
3. 器材(见表 2-9):

表 2-9　元件明细表

电路符号	名称	型号	规格	数量
M	三相异步电动机	YS7124-4	370W、380V、1.12A、△/Y 接法、1440r/min	2
QS	组合开关	DZ47-60/3	三极、60A	1
FU_1	熔断器	RT28N-32X	500V、32A、配熔体 10A	3
FU_2	熔断器	RT28N-32X	500V、32A、配熔体 10A	2
$KM_1 \sim KM_2$	交流接触器		20A、线圈电压 380V	2
FR	热继电器	CJX2-0901	三极、20A、整定电流 8.8A	2
$SB_1 \sim SB_3$	按钮	YBLX-K1/111	平头式、380V、5A	3
XT	端子板		380V、10A、20 节	若干
	主电路导线	NP4	1.5mm²(7×φ0.52mm)	若干
	控制电路导线	JX-1020	1mm²(7×φ0.43mm)	若干
	按钮线	BVR-1.0	0.75mm²	若干
	走线槽	BVR-0.75	18mm×25mm	若干
	控制柜	BVR-1.5		1

原理分析

1. 电路说明

顺序控制是一种使若干台电动机的启动或停止能够按一定的先后顺序来完成的控制方式,顺序控制线路如图 2-16 所示。

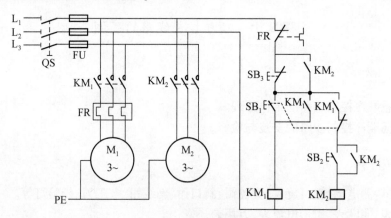

图 2-16　顺序控制线路

2. 工作原理

合上电源开关QS：

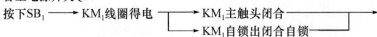

电动机M_1、M_2同时停转：

按下SB3 ⟶ 控制电路失电 ⟶ KM_1、KM_2主触头分断 ⟶ 电动机M_1、M_2停转

进行电路安装前，完成实物仿真图的连接，如图2-17所示。

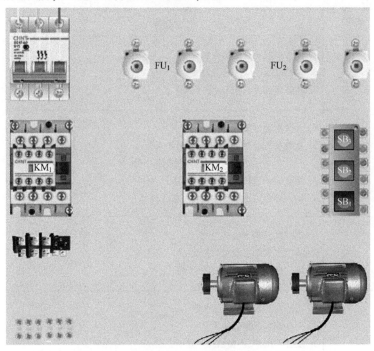

图 2-17　顺序控制线路的装调实物仿真图

实训步骤

安装步骤与课题九相同。

实训要求

1. 通电试车前，应熟悉线路的操作顺序，即先合上电源开关 QS，然后按下 SB_1 后，再

按 SB_2 顺序启动；按下 SB_1 后，再按下 SB_3 逆序停止。

2. 通电试车时，注意观察电动机、各电器元件及线路各部分工作是否正常。若发现异常情况，必须立即切断电源开关 QS，因为此时停止按钮 SB_3 已失去作用。

3. 安装应在规定的定额时间内完成，同时要做到安全操作和文明生产。

实训考核

1. 实训报告

（1）分析工作原理。

（2）启动时，先按 SB_2 会怎么样？停止时，先按 SB_3 又会怎么样？为什么？

（3）实验中发生过什么故障？是如何排除的？

2. 考核要求

（1）在规定的时间内能正确安装电路，且试运转成功，操作方法正确。

（2）安装工艺达到基本要求，线头长短适当，接点牢靠，接触良好。

（3）文明安全操作，没有电器损坏及安全事故。

3. 评分卡

考核内容	配分	评分标准	扣分	得分	备注
安装元件	15	1. 元件安装不合理每只扣 3 分 2. 元件安装不紧固每只扣 4 分 3. 损坏元件每只扣 10 分			
布线	30	1. 不按原理图接线扣 25 分 2. 布线不符合要求：主电路每根扣 4 分 　　　　　　　　　　控制电路每根扣 2 分 3. 接点松动、露铜、反圈每个扣 1 分 4. 损伤导线绝缘或线芯每根　扣 5 分			
通电试车	40	1. 第一次试车不成功扣 15 分 2. 第二次试车不成功共扣 25 分 3. 第三次试车不成功共扣 35 分			
安全文明	15	1. 工作服穿戴不整齐扣 5 分 2. 工具摆放不整齐扣 5 分 3. 工位不清洁、不整洁扣 5 分 4. 严重违反安全操作规程扣 15 分 5. 损坏工具、器具扣 10 分			
考核时间	60 分钟	每超过 10 分钟扣 5 分，不足 10 分钟扣 5 分			
开始时间		结束时间		评分	

第二节　提高阶段实训内容与课题

课题一　时间 Y—△降压启动控制线路的装调

▶ **实训目的**

掌握时间继电器自动控制 Y—△降压启动控制线路的安装与检修。

▶ **实训材料**

1. 工具：测电笔、螺钉旋具、尖嘴钳、斜口钳、剥线钳、电工刀、校验灯等。
2. 仪表：兆欧表、钳形电流表、万用表。
3. 器材（见表 2-11）：

表 2-11　元件明细表

电路符号	名称	型号	规格	数量
M	三相异步电动机	YS7124-4	370W、380V、1.12A、△/Y 接法、1440r/min	1
QS	组合开关	DZ47-60/3	三极、60A	1
FU_1	熔断器	RT28N-32X	500V、32A、配熔体 10A	3
FU_2	熔断器	RT28N-32X	500V、32A、配熔体 10A	2
$KM_1 \sim KM_3$	交流接触器		20A、线圈电压 380V	3
FR	热继电器	CJX2-0901	三极、20A、整定电流 8.8A	2
KT	时间继电器	JR16-20/3	线圈电压 380V	1
$SB_1 \sim SB_2$	按钮	YBLX-K1/111	平头式、380V、5A	8
XT	端子板		380V、10A、20 节	若干
	主电路导线	NP4	$1.5mm^2$（$7×\phi 0.52mm$）	若干
	控制电路导线	JX-1020	$1mm^2$（$7×\phi 0.43mm$）	若干
	按钮线	BVR-1.0	$0.75mm^2$	若干
	走线槽	BVR-0.75	18mm×25mm	若干
	控制柜	BVR-1.5		1

▶ **原理分析**

时间继电器自动控制 Y—△降压启动电路如图 2-18 所示。该线路由三个接触器、一个热继电器、一个时间继电器和两个按钮组成。时间继电器 KT 用作控制 Y 形降压启动时间和完成 Y—△自动切换。

该线路中，接触器 KM_Y 得电以后，通过 KM_Y 的常开辅助触头使接触器 KM 得电动作，这样 KM_Y 的主触头是在无负载的条件下进行闭合的，故可延长接触器 KM_Y 主触头的使用寿命。进行电路安装前，完成实物仿真图的连接，如图 2-19 所示。

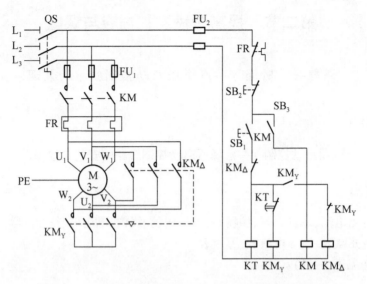

图 2-18 时间继电器自动控制 Y—△降压启动控制线路

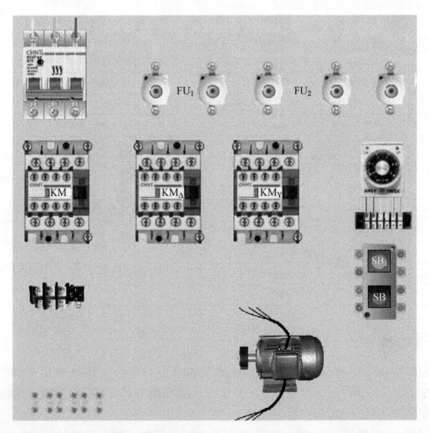

图 2-19 时间继电器自动控制 Y—△降压启动控制线路仿真电路图

▶ 安装训练

1. 实训步骤

同第一节课题十。

2. 实训要求

同第一节课题十。

▶ 检修训练

1. 故障设置

在控制电路或主电路中人为设置电气故障两处。

2. 故障检修

其检修步骤及要求如下:

(1) 用通电试验法观察故障现象。观察电动机、各电器元件及线路的工作是否正常,若发现异常现象,应立即断电检查。

(2) 用逻辑分析法缩小故障范围,并在电路图上用虚线标出故障部位的最小范围。

(3) 用测量法正确、迅速地找出故障点。

(4) 根据故障点的不同情况,采取正确的方法迅速排除故障。

3. 注意事项

(1) 检修前要先掌握电路图中各个控制环节的作用和原理,并熟悉电动机的接线方法。

(2) 在检修过程中严禁扩大和产生新的故障,否则要立即停止检修。

(3) 检修思路和方法要正确。

(4) 带电检修故障时,必须有指导教师在现场监护,并要确保用电安全。

(5) 检修必须在定额时间内完成。

▶ 实训考核

1. 实训报告

(1) 画出手动控制 Y—△减压启动和自动控制 Y—△减压启动的线路,并分析后者的动作原理。

(2) 时间继电器 KT 的延时太短有何影响?

(3) 实验中发生过什么故障?是如何排除的?

2. 考核要求

(1) 在规定的时间内完成安装任务,且试运转成功,操作方法正确。

(2) 安装工艺达到基本要求,线头长短适当,接点牢靠,接触良好。

(3) 文明安全操作,没有损坏电器及违反安全规程。

3. 评分卡

考核内容	配分	评分标准	扣分	得分	备注
安装元件	15	1. 元件安装不合理每只扣3分 2. 元件安装不紧固每只扣4分 3. 损坏元件每只扣10分			
布线	30	1. 不按原理图接线扣25分 2. 布线不符合要求:主电路每根扣4分 　　　　　　　　控制电路每根扣2分 3. 接点松动、露铜、反圈每个扣1分 4. 损伤导线绝缘或线芯每根扣5分			
通电试车	40	1. 第一次试车不成功扣15分 2. 第二次试车不成功共扣25分 3. 第三次试车不成功共扣35分			
安全文明	15	1. 工作服穿戴不整齐扣5分 2. 工具摆放不整齐扣5分 3. 工位不清洁、不整洁扣5分 4. 严重违反安全操作规程扣15分 5. 损坏工具、器具扣10分			
考核时间	180分钟	每超过10分钟扣5分,不足10分钟扣5分			
开始时间		结束时间		评分	

课题二　双速电动机控制线路的装调

实训目的

掌握双速电动机控制线路的安装与检修。

实训材料

1. 工具:测电笔、螺钉旋具、尖嘴钳、斜口钳、剥线钳、电工刀、校验灯等。
2. 仪表:兆欧表、钳形电流表、万用表。
3. 器材(见表2-12):

表2-12　元件明细表

电路符号	名称	型号	规格	数量
M	三相异步电动机	YS7124-4	370W、380V、1.12A、△/Y接法、1440r/min	1
QS	组合开关	DZ47-60/3	三极、60A	1
FU_1	熔断器	RT28N-32X	500V、32A、配熔体10A	3
FU_2	熔断器	RT28N-32X	500V、32A、配熔体10A	2
$KM_1 \sim KM_3$	交流接触器		20A、线圈电压380V	3

(续)

电路符号	名称	型号	规格	数量
FR	热继电器	CJX2-0901	三极、20A、整定电流8.8A	2
SB$_1$~SB$_3$	按钮	YBLX-K1/111	平头式、380V、5A	3
XT	端子板		380V、10A、20节	若干
	主电路导线	NP4	1.5mm^2(7×φ0.52mm)	若干
	控制电路导线	JX-1020	1mm^2(7×φ0.43mm)	若干
	按钮线	BVR-1.0	0.75mm^2	若干
	走线槽	BVR-0.75	18mm×25mm	若干
	控制柜	BVR-1.5		1

原理分析

1. 电路原理

由三相异步电动机的转速公式 $n=(1-s)60f_1/p$ 可知,改变异步电动机转速的方法有三种:改变电源频率 f_1、改变转差率 s、改变磁极对数 p。本课题介绍通过改变磁极对数 p 来实现电动机调速的基本方法。

改变异步电动机的磁极对数调速称为变极调速,是通过改变电动机定子绕组的连接方式来实现的,属于有级调速,且只适用于笼型异步电动机。

常见的多速电动机有双速、三速、四速等类型。下面就双速异步电动机的启动和自动调速控制线路进行分析。

如图2-20所示,双速电动机的定子绕组的每相绕组的中点各有一个出线端 U_2、V_2、W_2。使电动机低速运转时,把三相电源分别接定子绕组的 U_1、V_1、W_1 端,定子呈△形连接,磁极为4极,同步转速为1500r/min。要使电动机高速运转,就把三个出线端 U_1、V_1、W_1 并接在一起,另外三个出线端 U_2、V_2、W_2 分别接到三相电源上,定子呈YY形连接,磁极为2极,同步转速为3000r/min。值得注意的是双速电动机定子绕组从一种接法改变为另外一种接法时,必须把电源相序反接,以保证电动机的旋转方向不变。

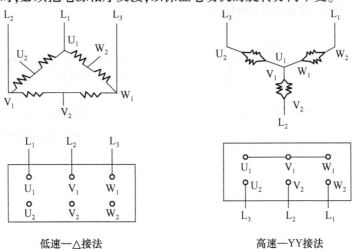

低速—△接法　　　　　　　　　高速—YY接法

图2-20 双速电动机的定子绕组接法

2. 电路图

如图 2-21 所示为接触器控制双速电动机控制线路，即用按钮和接触器来控制电动机高速、低速控制线路，其中 SB_1、KM_1 控制电动机低速运行；SB_2、KM_2、KM_3 控制电动机高速运行。在进行电路安装前，完成实物仿真电路的连接，如图 2-22 所示。

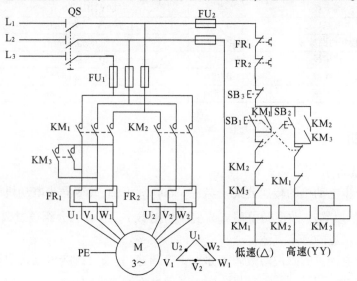

图 2-21 接触器控制双速电动机控制线路

△形低速启动运行：

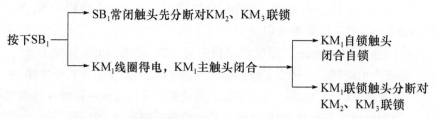

YY形高速启动运行：

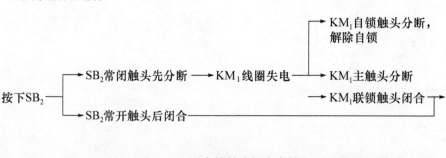

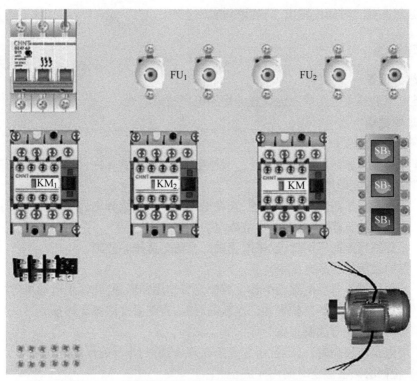

图 2-22 接触器控制双速电动机控制线路实物仿真图

▶ 实训步骤

1. 配齐所用的电器元件,并检查元件质量。
2. 根据元件布置图安装电器元件和走线槽,并贴上醒目的文字符号。
3. 按照电路图进行板前线槽布线,并在线头上套编码套管和冷压接线头。
4. 安装电动机。
5. 可靠连接电动机和电器元件金属外壳的保护接地线。
6. 自检。
7. 检查无误后通电试车,并用转速表测量电动机的转速。

▶ 实训要求

接线时,注意主电路中接触器 KM_1、KM_2 在两种转速下电源相序的改变,不能接错,否则两种转速下电动机的转向相反,换向时将产生很大的冲击电流。

1. 控制双速电动机△形接法的接触器 KM_1 和 YY 接法的 KM_2 的主触头不能对换接线,否则不但无法实现双速控制要求,而且会在 YY 形运转时造成电源短路事故。
2. 热继电器 FR_1、FR_2 的整定电流及其在主电路中的接线包要搞错。
3. 通电校验前要复验一下电动机的接线是否正确,并测试绝缘电阻是否符号要求。
4. 通电校验必须有指导老师在现场监护,学生应根据电路图的控制要求独立地进行校验,如出现故障也应自行排除。

5. 必须在额定时间内完成,同时做到文明生产。

检修训练

1. 故障设置

在控制电路或主电路中人为设置非短路电气故障两处。

2. 故障检修

检修步骤和方法如下:

(1) 用通电试验法观察故障现象。观察电动机、各电器元件及线路工作是否正常,如发现异常现象,应立即断电检查。

(2) 用逻辑分析法缩小故障范围,并在电路图上用虚线标出故障部位的最小范围。

(3) 用测量法正确、迅速地找出故障点。

(4) 根据故障点的不同情况,采取正确的方法迅速排除故障。

(5) 排除故障后再通电试车。

(6) 检修前要先掌握电路图中各个控制环节作用和原理,并熟悉电动机的接线方法。

(7) 在检修过程中严禁扩大和产生新的故障,否则要立即停止检修。

(8) 检修思路和方法要正确。

(9) 带电检修故障时,必须有指导老师在现场监护,并要确保用电安全。

(10) 检修必须在额定时间内完成。

实训考核

1. 实训报告

(1) 电动机是怎么实现两种转速的?

(2) 双速电动机接线盒中的六个接线柱与单相异步电动机有什么区别?

(3) 实验中发生过什么故障?是如何排除的?

2. 考核要求

(1) 在规定的时间内完成安装任务,且试运转成功,操作方法正确。

(2) 安装工艺达到基本要求,线头长短适当,接点牢靠,接触良好。

(3) 文明安全操作,没有损坏电器及违反安全规程。

3. 评分卡

考核内容	配分	评分标准	扣分	得分	备注
安装元件	15	1. 元件安装不合理每只扣 3 分 2. 元件安装不紧固每只扣 4 分 3. 损坏元件每只扣 10 分			
布线	30	1. 不按原理图接线扣 25 分 2. 布线不符合要求:主电路每根扣 4 分 　　　　　　　　控制电路每根扣 2 分 3. 接点松动、露铜、反圈每个扣 1 分 4. 损伤导线绝缘或线芯每根扣 5 分			

(续)

考核内容	配分	评分标准	扣分	得分	备注
通电试车	40	1. 第一次试车不成功扣 15 分 2. 第二次试车不成功共扣 25 分 3. 第三次试车不成功共扣 35 分			
安全文明	15	1. 工作服穿戴不整齐扣 5 分 2. 工具摆放不整齐扣 5 分 3. 工位不清洁、不整洁扣 5 分 4. 严重违反安全操作规程扣 15 分 5. 损坏工具、器具扣 10 分			
考核时间	180 分钟	每超过 10 分钟扣 5 分,不足 10 分钟扣 5 分			
开始时间		结束时间		评分	

课题三 单向运行反接制动控制线路的装调

实训目的

电动机单向运行反接制动控制线路的装调。

实训材料

1. 工具:测电笔、螺钉旋具、尖嘴钳、斜口钳、剥线钳、电工刀、校验灯等。
2. 仪表:兆欧表、钳形电流表、万用表。
3. 器材(见表 2-13):

表 2-13 元件明细表

电路符号	名称	型号	规格	数量
M	三相异步电动机	YS7124-4	370W、380V、1.12A、△/Y 接法、1440r/min	1
QS	组合开关	DZ47-60/3	三极、60A	1
FU_1	熔断器	RT28N-32X	500V、32A、配熔体 10A	3
FU_2	熔断器	RT28N-32X	500V、32A、配熔体 10A	2
$KM_1 \sim KM_2$	交流接触器		20A、线圈电压 380V	2
FR	热继电器	CJX2-0901	三极、20A、整定电流 8.8A	2
KS	速度继电器			1
R	电阻器			3
$SB_1 \sim SB_2$	按钮	YBLX-K1/111	平头式、380V、5A	2
XT	端子板		380V、10A、20 节	若干
	主电路导线	NP4	$1.5mm^2(7×\phi0.52mm)$	若干
	控制电路导线	JX-1020	$1mm^2(7×\phi0.43mm)$	若干
	按钮线	BVR-1.0	$0.75mm^2$	若干
	走线槽	BVR-0.75	18mm×25mm	若干
	控制柜	BVR-1.5		1

工作原理

反接制动时,转子与旋转磁场的相对速度接近于 2 倍的同步转速,定子绕组中流过的反接制动电流相当于直接启动时电流的 2 倍,冲击很大。为了减少冲击电流,通常对于笼型异步电动机的定子回路串接电阻来限制反接制动电流。反接制动电阻可以采用对称接法和不对称接法。对称接法在定子三相绕组中都串入制动电阻,不对称接法是只在两相绕组中串入制动电阻。制动电阻的对称接法可以在限制制动转矩的同时,也限制了制动电流,制动电阻的不对称接法在没有串入制动电阻的那一相,仍具有较大的电流,因此一般采用对称接法。

电动机定子绕组正常工作时的相电压为 380V 时,若要限制反接制动电流不大于启动电流时,如采用对称接法,则每相应串入的电阻值 $R=1.5\times220/I{\rm st}$,$I{\rm st}$ 为电动机直接启动的电流,如采用不对称接法时,则电阻值应为对称接法电阻值的 1.5 倍。

绕线式异步电动机则可在转子回路中串入制动电阻,$n>130{\rm r/min}$ 时,速度继电器的触点动作(其常开触点闭合,常闭触点断开),当转速 $n<100{\rm r/min}$ 时,速度继电器的触点复位(其常开触点断开,常闭触点闭合)。利用速度继电器的常开触点,当转速下降到接近于 0 时,使 KM_2 接触器断电,自动地将电源切除。在控制电路中停止按钮用的是复合按钮,如图 2-23 所示。在进行电路安装前,完成实物仿真电路的连接,如图 2-24 所示。

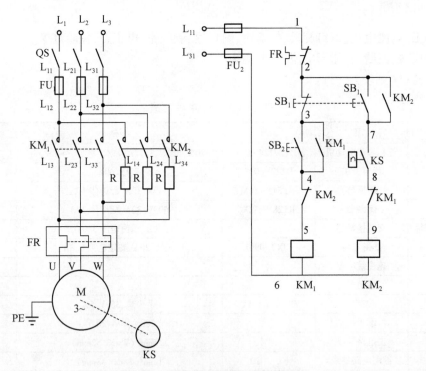

图 2-23 单向运行反接制动控制线路

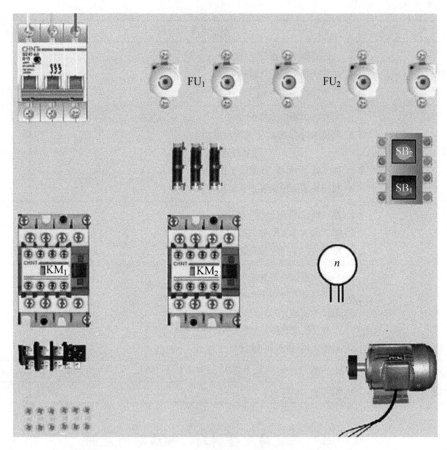

图 2-24 单向运行反接制动控制线路实物仿真图

◆ 安装训练

1. 实训安装与要求
参见课题二。

2. 线路检测与故障排除
由学生自编检修步骤,经教师审阅合格后,参照课题二方法进行。

◆ 实训考核

1. 实训报告
(1) 什么是反接制动?
(2) 速度继电器的动作原理?
(3) 实验中发生过什么故障?是如何排除的?

2. 考核要求
(1) 在规定的时间内完成安装任务,且试运转成功,操作方法正确。
(2) 安装工艺达到基本要求,线头长短适当,接点牢靠,接触良好。
(3) 文明安全操作,没有损坏电器及违反安全规程。

3. 评分卡

考核内容	配分	评分标准	扣分	得分	备注
安装元件	15	1. 元件安装不合理每只扣 3 分 2. 元件安装不紧固每只扣 4 分 3. 损坏元件每只扣 10 分			
布线	30	1. 不按原理图接线扣 25 分 2. 布线不符合要求：主电路每根扣 4 分 　　　　　　　　　控制电路每根扣 2 分 3. 接点松动、露铜、反圈每个扣 1 分 4. 损伤导线绝缘或线芯每根扣 5 分			
通电试车	40	1. 第一次试车不成功扣 15 分 2. 第二次试车不成功共扣 25 分 3. 第三次试车不成功共扣 35 分			
安全文明	15	1. 工作服穿戴不整齐扣 5 分 2. 工具摆放不整齐扣 5 分 3. 工位不清洁、不整洁扣 5 分 4. 严重违反安全操作规程扣 15 分 5. 损坏工具、器具扣 10 分			
考核时间	180 分钟	每超过 10 分钟扣 5 分，不足 10 分钟扣 5 分			
开始时间		结束时间		评分	

课题四　正反转反接制动控制线路的装调

实训目的

电动机正反转反接制动控制线路的装调。

实训材料

1. 工具：测电笔、螺钉旋具、尖嘴钳、斜口钳、剥线钳、电工刀、校验灯等。
2. 仪表：兆欧表、钳形电流表、万用表。
3. 器材（见表 2-14）：

表 2-14　元件明细表

电路符号	名称	型号	规格	数量
M	三相异步电动机	YS7124-4	370W、380V、1.12A、△/Y 接法、1440r/min	1
QS	组合开关	DZ47-60/3	三极、60A	1
FU_1	熔断器	RT28N-32X	500V、32A、配熔体 10A	3
FU_2	熔断器	RT28N-32X	500V、32A、配熔体 10A	2
$KM_1 \sim KM_2$	交流接触器		20A、线圈电压 380V	2

(续)

电路符号	名称	型号	规格	数量
FR	热继电器	CJX2-0901	三极、20A、整定电流 8.8A	2
KA	中间继电器	JZC1-44	线圈电压 380V	1
KS	速度继电器			2
R	电阻器			3
SB$_1$~SB$_2$	按钮	YBLX-K1/111	平头式、380V、5A	2
XT	端子板		380V、10A、20 节	若干
	主电路导线	NP4	1.5mm^2(7×ϕ0.52mm)	若干
	控制电路导线	JX-1020	1mm^2(7×ϕ0.43mm)	若干
	按钮线	BVR-1.0	0.75mm^2	若干
	走线槽	BVR-0.75	18mm×25mm	若干
	控制柜	BVR-1.5		1

工作原理

1. 电路图

正反转反接制动控制线路如图 2-25 所示。

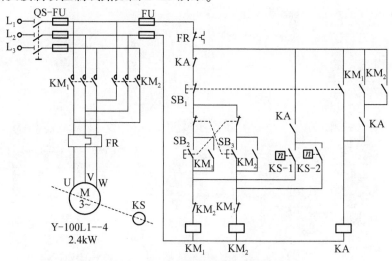

图 2-25 正反转反接制动控制线路

2. 工作原理

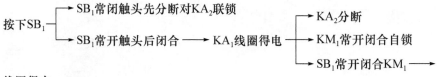

电动机M全压正转运行
反接制动停转：

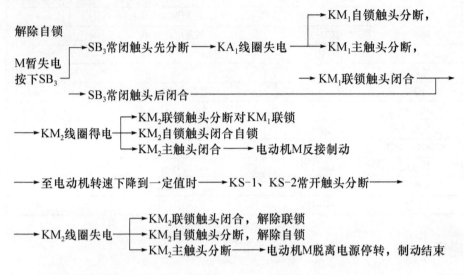

在进行电路安装前，完成实物仿真电路的连接，如图2-26所示。

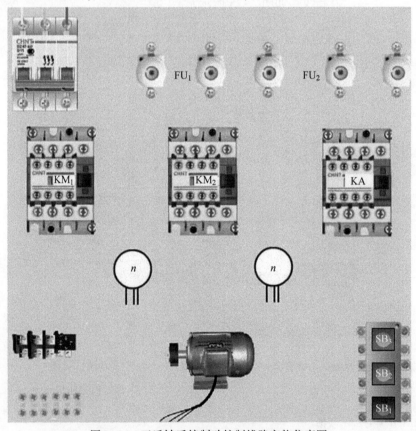

图2-26 正反转反接制动控制线路实物仿真图

▶ 安装训练

1. 安装要求

参见课题三。

2. 线路检测与故障排除

由学生自编检修步骤,经教师审阅合格后,参照课题三方法进行。

▶ 实训考核

1. 实训报告

(1) 正反转反接制动是如何实现的?

(2) 实验中发生过什么故障?是如何排除的?

2. 考核要求

(1) 在规定的时间内完成安装任务,且试运转成功,操作方法正确。

(2) 安装工艺达到基本要求,线头长短适当,接点牢靠,接触良好。

(3) 文明安全操作,没有损坏电器及违反安全规程。

3. 评分卡

考核内容	配分	评分标准	扣分	得分	备注
安装元件	15	1. 元件安装不合理每只扣 3 分 2. 元件安装不紧固每只扣 4 分 3. 损坏元件每只扣 10 分			
布线	30	1. 不按原理图接线扣 25 分 2. 布线不符合要求:主电路每根扣 4 分 　　　　　　　　　控制电路每根扣 2 分 3. 接点松动、露铜、反圈每个扣 1 分 4. 损伤导线绝缘或线芯每根扣 5 分			
通电试车	40	1. 第一次试车不成功扣 15 分 2. 第二次试车不成功共扣 25 分 3. 第三次试车不成功共扣 35 分			
安全文明	15	1. 工作服穿戴不整齐扣 5 分 2. 工具摆放不整齐扣 5 分 3. 工位不清洁、不整洁扣 5 分 4. 严重违反安全操作规程扣 15 分 5. 损坏工具、器具扣 10 分			
考核时间	180 分钟	每超过 10 分钟扣 5 分,不足 10 分钟扣 5 分			
开始时间		结束时间		评分	

第二篇
可编程序控制器(三菱 FX 系列)

第三章

实训基本要求及实训准备

第一节　实训基本要求及步骤

> 熟悉设备、明确要求是保证实训安全、保障实训顺利进行的必要步骤,也是培养学生独立工作能力、提高实训质量与效率的重要环节。

◆ 实训基本要求

1. 实训前应复习有关本课程的教材,并熟悉相关理论知识。
2. 认真阅读实训指导书,根据实训准备步骤熟悉相关实训设备和编程软件。
3. 按照课题完成步骤逐一完成每个课题相应的实训内容。
4. 实训过程中符合安全文明生产要求。

◆ 实训步骤

1. 实训准备步骤

(1) 领取实训任务指导书与工具并检查工具的完好性。

(2) 认真听取老师对实训设备的介绍并做好安装要点记录。检查各电器元件是否有损害或缺少部件。

(3) 认真阅读课题要求并列出所用电器元件。

(4) 掌握手持编程器及软件编程的基本方法。

2. 课题完成步骤

(1) 根据课题要求画出 I/O 分配图及填写好端子分配表。

(2) 根据 I/O 分配图安装接硬件图,完成后由指导教师检查。经老师允许后方能通电调试。

(3) 根据控制要求进行程序的编写,并将程序保存在老师规定的存储目录中。

(4) 通电调试程序,自行调试成功后请指导教师检查。

(5) 指导老师检查完成课题相关情况后,在记录表上签字。未达到要求继续调试,直到完成并验收合格方可进行下一个课题。

实训纪律和注意事项

1. 熟悉各电器元件工作原理及装接方法。
2. 安装线路必须经过走线槽,要求整齐、均匀、间距合理、无交叉、无重复,并做到导线与接线端子连接处,应不压绝缘层及露铜过长。
3. 能熟练地使用编程软件及手持编程器实现对程序的写入。
4. 未经老师允许严禁私自通电,一经发现取消实训资格,损坏元器件需照价赔偿。
5. 严禁利用电脑玩游戏,严禁利用实训场所充电。
6. 严禁在实训电脑上安装个人存储设备(U盘、移动硬盘),一经发现予以没收并取消实训资格。
7. 实训中应严格遵守实训纪律,做到不迟到、不早退。有事需向指导教师请假,无故旷课累积达到6课时以上者取消本次实训,实训成绩以旷课计。迟到或早退3次按旷课2节计。
8. 实训过程中应勤动手、善动脑、敢提问,严禁在实验室打闹、睡觉、玩手机。对违反纪律的同学,指导老师应予以警告,若连续警告3次不听者,取消实训资格,通知班主任协同处理。
9. 保持实训环境卫生,不能将食品、饮用水带进实训场所。每天实训结束后各组要清理工位、打扫工位卫生,轮流打扫实验室卫生。

第二节　PLC 的基本知识

实训前应掌握 PLC 基本工作原理、软硬件设计的基本方法与流程。本节将分别将上述内容的要点进行汇编,为顺利完成实训内容奠定基础。

工作方式

PLC 采用循环扫描、分时操作的方式。在 PLC 处于运行状态时,从内部处理、通信操作、程序输入、程序执行、程序输出,一直循环扫描工作。

注意:由于 PLC 是扫描的工作过程,在程序执行阶段即使输入发生了变化输入状态映象寄存器的内容也不会变化,要等到下一周期的输入处理阶段才能改变。

PLC 循环扫描过程如图 3-1 所示。

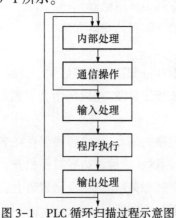

图 3-1　PLC 循环扫描过程示意图

工作过程

主要分为内部处理、通信操作、输入处理、程序执行、输出处理几个阶段。

1. 内部处理阶段

在此阶段,PLC 检查 CPU 模块的硬件是否正常,复位监视定时器,以及完成一些其他内部工作。

2. 通信服务阶段

在此阶段,PLC 与一些智能模块通信、响应编程器键入的命令,更新编程器的显示内容等,当 PLC 处于停状态时,只进行内容处理和通信操作等内容。

3. 输入处理

输入处理也叫输入采样。在此阶段顺序读入所有输入端子的通断状态,并将读入的信息存入内存中所对应的映像寄存器。在此输入映像寄存器被刷新,接着进入程序的执行阶段。

4. 程序执行

根据 PLC 梯形图程序扫描原则,按先左后右,先上后下的步序,逐句扫描,执行程序。但遇到程序跳转指令,则根据跳转条件是否满足来决定程序的跳转地址。当用户程序涉及输入输出状态时,PLC 从输入映像寄存器中读出上一阶段采入的对应输入端子状态,从输出映像寄存器读出对应映像寄存器的当前状态。根据用户程序进行逻辑运算,运算结果再存入有关器件寄存器中。

5. 输出处理

程序执行完毕后,将输出映像寄存器,即元件映像寄存器中的 Y 寄存器的状态,在输出处理阶段转存到输出锁存器,通过隔离电路,驱动功率放大电路,使输出端子向外界输出控制信号,驱动外部负载。

工作模式

1. 运行工作模式

当处于运行工作模式时,PLC 要进行从内部处理、通信服务、输入处理、程序处理、输出处理,然后按上述过程循环扫描工作。

在运行模式下,PLC 通过反复执行反映控制要求的用户程序来实现控制功能,为了使 PLC 的输出及时地响应随时可能变化的输入信号,用户程序不是只执行一次,而是不断地重复执行,直至 PLC 停机或切换到 STOP 工作模式。

注:PLC 的这种周而复始的循环工作方式称为扫描工作方式。

2. 停止工作模式

当处于停止工作模式时,PLC 只进行内部处理和通信服务。

PLC 工作模式如图 3-2 所示。

图 3-2　PLC 停止和运行状态时工作模式示意图

▸ 等效电路图

如图 3-3 所示,当输入信号闭合,输入继电器 X0 得电。程序中 X0 常开触点闭合,Y0 线圈得电自锁,Y0 常开硬触点闭合,使得由 Y0、负载、外部电源、COM 构成回路,负载得电运行。当 X1 得电,X1 常开触点断开,Y0 断电,负载停止运行。

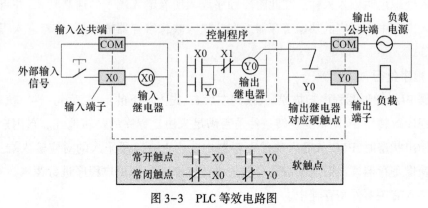

图 3-3　PLC 等效电路图

注意区别如图 3-4 所示的几种接线方式。

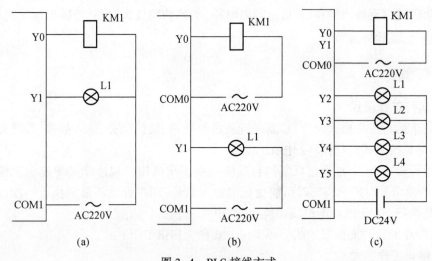

图 3-4　PLC 接线方式
(a) 汇点式；(b) 分隔式；(c) 分组式。

典型单元电路

在三菱 PLC 程序编写过程中,基本的单元电路具有典型性、组合性。我们可以通过熟悉这些电路的工作原理和基本结构,为实训过程中实现应用程序的编写奠定良好的基础。这节内容是学习这些典型的单元电路。

1. 启保停电路

最基本的启保停电路是由两个输入信号实现的。如图 3-5 所示,X0 为启动信号,X1 为停止信号,四段不同的程序均能实现对输出 Y0 的启动、保持和停止控制。

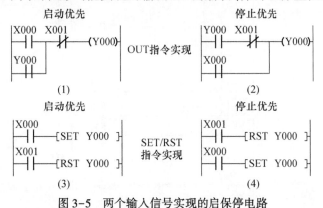

图 3-5 两个输入信号实现的启保停电路

当然,由一个输入信号也可以实现启保停动作,如图 3-6 所示。

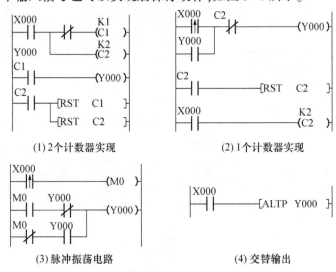

图 3-6 各种单输入信号实现的启保停电路

2. 延时电路

利用通用定时器可以实现延时控制,分为三种形式,如图 3-7 所示。需要注意的是,这类定时器均不具备保持功能,所以在使用时应通过辅助继电器自锁的形式保持相应信号。

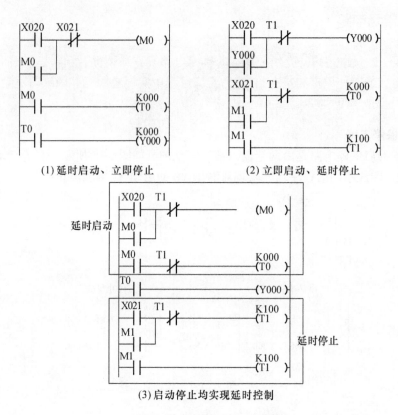

图 3-7 三种形式的延时控制电路

3. 闪烁电路

基本闪烁电路如图 3-18 所示。

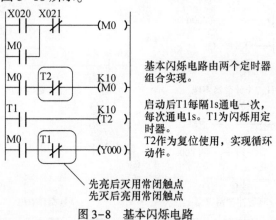

图 3-8 基本闪烁电路

基本闪烁电路动作简单,但应用却很广泛。它可以看成是由两个定时器组成的追赶电路(后面将提到),如图 3-9 所示,T1 确定闪烁的第一段时间,T2 确定闪烁的第二段时间。如果加入计数器就可以实现对闪烁的次数控制,由于 PLC 工作方式的问题,计数器自动复位时,复位信号必须在计数信号之前。

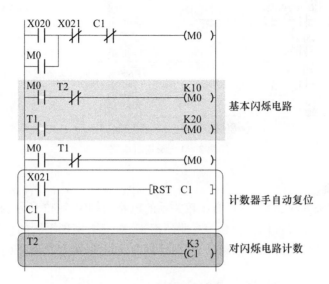

图 3-9　由计数器控制的闪烁电路

4. 定时器追赶电路

定时器追赶电路用于多个定时控制场合,常常实现循环动作的控制,如舞台艺术灯、交通灯、电机顺序控制等。该电路结构固定,但可根据实际情况实现不同顺序动作控制,如图 3-10 所示。

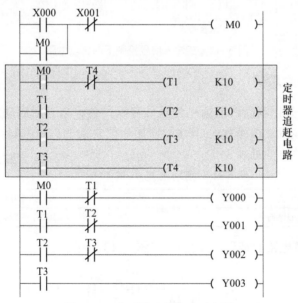

图 3-10　定时器追赶电路示意图

5. 长定时电路

PLC 实现时间控制不仅仅是利用其内部定时器,特别是在需要较长时间的定时控制时,我们可以考虑定时器和计数器组合在一起来实现,如图 3-11 所示。该电路如果将 T1 和 C1 设置到最大值 32 767,可实现的定时最长时间近 3 万 h。

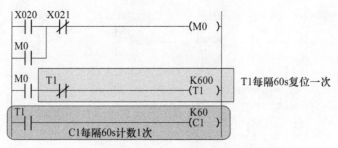

图 3-11 长定时电路

6. 比较电路

当出现比较关系时,会使用具有比较关系的电路。如图 3-12 所示,我们可以将 X20、X21、X22 三个输入信号的四种组合关系罗列出来,对应去实现不同的处理动作。这类电路可用于具有监控功能的程序控制场合,而且具有逻辑清晰、结构直观的特点。

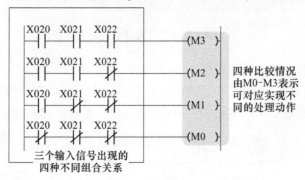

图 3-12 三输入信号控制下的比较电路

顺序控制有关知识

顺序控制编程是以当前线圈通电为基础待满足转移条件后启动紧挨着的下一个线圈,同时关断当前线圈的编程方式,其主要应用于较复杂的程序编制;主要辅助元件为辅助继电器(M),具体分配见表 3-1。

表 3-1 辅助继电器 M 功能区分表

通用继电器	M0~M499,共 500 点
失电保持继电器	M500~M1023,共 524 点

1. 使用启保停电路的编程方式编程,如图 3-13 所示。

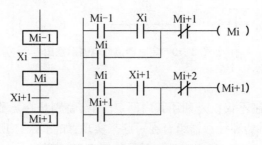

图 3-13 启保停电路编程方式

2. 以转换为中心编程方式编程,如图 3-14 所示。

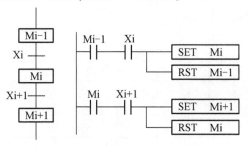

图 3-14　以转换为中心编程方式

SFC 的基础知识

顺序功能图或状态流程图(sequential function chart,SFC)是一种描述顺序控制系统功能的图解表示法。在顺序控制中,将顺序动作用 SFC 语言表示,然后用步进顺控指令编程,就可以实现顺序控制要求了。

SFC 主要由"步"、"转移"及"有向线段"等元素组成,如果适当运用组成元素,可得到控制系统的静态表示方法,再根据转移触发规则进行模拟系统的运行,就可以得到控制系统的动态过程,并能从中发现潜在的故障。SFC 用约定的几何图形、有向线段、简单的文字说明和描述 PLC 的处理过程及程序的执行步骤。

1. SFC 的步

"步"是控制系统中对应一个相对稳定的状态;在 SFC 中"步"通常表示某个执行元件的状态变化,符号如图 3-15 所示。

图 3-15　SFC 的步

(1) 初始步:对应于控制系统的初始状态,是其运行的起点。一个控制系统至少有一个初始步。

(2) 工作步:指控制系统正常运行时的状态;根据系统是否运行,"步"有两种状态,即动步和静步。动步是指当前正在进行的步,静步是指没有运行的步。

2. SFC 的步的转移

为了说明从一个步到另一个步的变化,要用到转移这个概念,即用一个有向线段来表示转移的方向。两个步之间的有向线段上再用一段横线表示这一转移,如图 3-16 所示。

(1) 转移的使能和触发:转移是一种条件,当条件满足时,称为转移使能;如果该转移能够使步态实现转移,则称为触发。

(2) 转移条件:一个转移能够触发,必须满足转移条件。转移条件可以用文字语句或逻辑表达式等方式表示在转移符号旁;只有当一个步处于活动状态而且与它相关的转移条件成立时，才能实现步状态的转移，转移结果使紧接它的后续步处于活动状态，而使与其相连的前级步处于非活动状态。

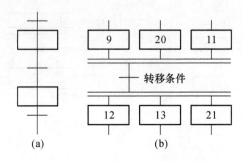

图 3-16 SFC 的步的转移

3. SFC 流程图规则

控制系统的 SFC 流程图必须满足以下几点规则。

(1) 步与步不能相连，必须用转移隔开。

(2) 转移不能与转移相连，必须用步隔开。

(3) 步与转移、转移与步之间的连接采用有向线段，从上至下画时可以省略箭头，当有向线段从下向上画时，必须画上箭头，以表示方向。

(4) 一个流程图至少有一个初始步。

4. 格式及注意事项

(1) SFC 三要素：S，状态元件；转移条件(可以是 X,Y,T,C)；对应输出(可以是 Y,T,C,M,…)。

(2) SFC 以 LAD 0 开头，以 LAD 1 结尾。

(3) 初态(S0-S9)共 10 个；通用状态(S20-S899)共 480 个。

当状态发生转移时，前一状态输出被关断，当前状态被导通。若使用 SET 指令输出，即可使状态发生转移，输出被保持，要关断需要用 RST 指令复位。

(4) 同一状态中不能出现双线圈(即同名线圈)；相邻两个状态分别实现正反转、高低速时，需要互锁。

(5) PLC 扫描的每个周期都将扫描 LAD 0、LAD 1 和当前接通状态。

5. SFC 的结构

(1) 顺序结构：如图 3-17(a)所示，其动作一个接一个地完成；每个步仅连接一个转移，每个转移也仅连接一个步。

(2) 选择分支结构：如图 3-17(b)所示，选择分支是指在某一步后有若干单一顺序等待选择，一次只能选择进入一个顺序。为了保证选择的优先权，必须对各个单一顺序的转移条件加以约束。

(3) 并行分支结构：如图 3-17(c)所示，并行分支是指在某一个转移条件下，同时启动若干个顺序，按从左至右、从上至下的顺序执行，并行分支用双水平线表示。

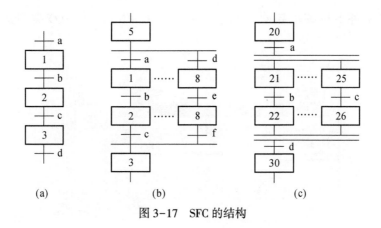

图 3-17　SFC 的结构

第三节　编程软件简介

为了在实训过程中能熟练地使用编程软件及运用编程技巧，现将三菱 FX 系列常用编程软件 GX Works2 介绍如下：

梯形图编辑模式

1. 双击桌面图标 打开软件，界面如图 3-18 所示。

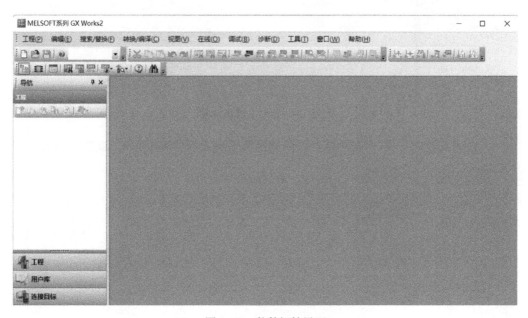

图 3-18　软件初始界面

2. 选择文件下拉菜单新建(或按快捷键 CTRL+N)进入 PLC 类型选择界面,如图 3-19 所示。

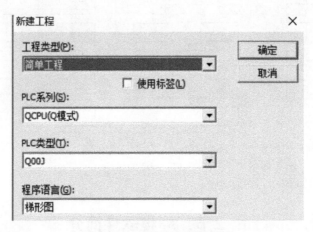

图 3-19　PLC 类型选择界面

选择相应 PLC 系列→类型→程序语言→确定,就进入了主编辑面。

3. 主编辑模式下,可以进行主程序的编辑,其中编辑、在线、调试等三项为常用的功能菜单,如图 3-20 所示。

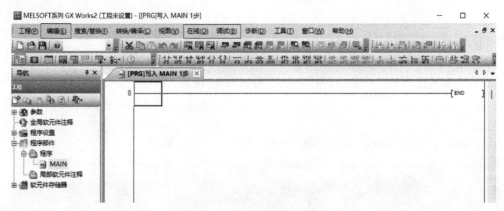

图 3-20　程序主编辑界面

4. 在编辑模式下,可以在功能界面绘制出满足要求的梯形图程序,如图 3-21 所示。

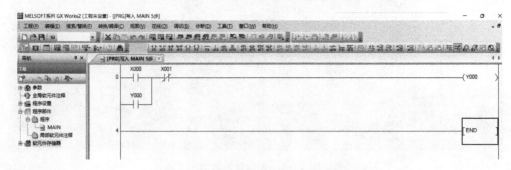

图 3-21　绘制满足要求的梯形图程序

5. 还可以通过全局或局部软元件注释,增强程序的可读性,如图3-22、图3-23所示。

图 3-22　导航界面对局部软元件进行注释

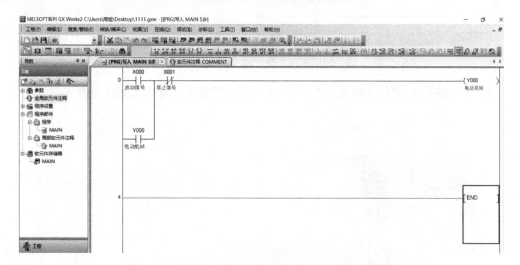

图 3-23　通过全局软元件注释后的程序,可读性较强

6. 程序编写完成后,点击在线下拉菜单,进入在线模式,可进行程序读取、写入、校验等操作,如图3-24所示。

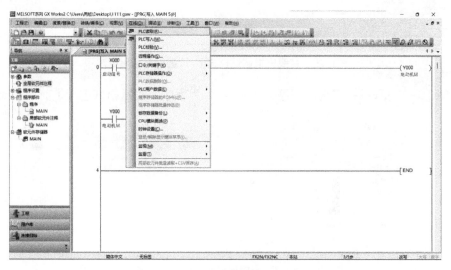

图 3-24　通过在线下拉菜单可以进行程序读写、校验等操作

7. 也可以通过调试下拉菜单,进行程序模拟调试,如图 3-25 所示。

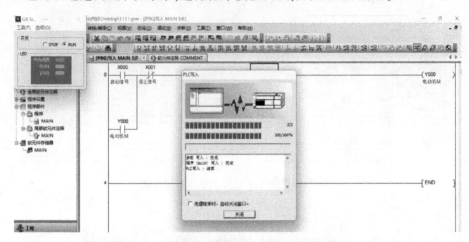

图 3-25　调试下拉菜单可以实现程序的模拟调试

8. 在线模式下,可以对特定元件进行当前值更改后实现模拟调试功能,如图 3-26 所示。

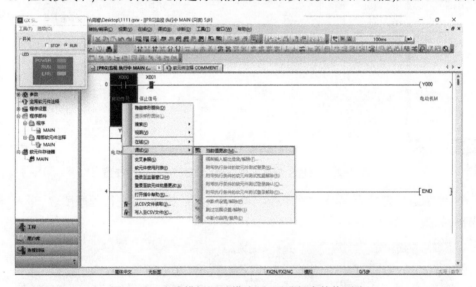

图 3-26　在线模拟调试模式下,可进行当前值更改

如图 3-27 更改后,实现了程序的仿真运行,为程序的实际调试进行了前期预演。

图 3-27　当前值更改后的程序状态

9. 可在在线模式的监视功能下,实现对程序执行过程的监控,在程序调试和故障检查中,显得异常方便,如图 3-28 所示。

图 3-28　监视模式下的各种操作菜单

10. 在实际 PLC 程序调试中,GX Work2 可以实现 PLC 程序的读取、写入、校验和远程操作实现开关等在线操作,如图 3-29 所示。

图 3-29　在线菜单对 PLC 的相关联机操作

11. 程序编辑中的功能图和功能键对照如表 3-2 所示。

表 3-2 功能图和功能键对照表

功能图	功能键	含 义	功能图	功能键	含 义
┤├	F5	常开触点	┤↑├	Shift+F3	并联上沿脉冲
┤/├	F6	常闭触点	( )	F7	线圈输出
┤├	Shift+F5	并联常开	[ ]	F8	指令输出
┤/├	Shift+F6	并联常闭	──	F9	绘制横线
┤↑├	F2	上沿脉冲输入	│ │	Shift+F9	绘制竖线
┤↓├	F3	下沿脉冲输入	／	Shift+F7	逻辑取反
┤↑├	Shift+F2	并联上沿脉冲	DEL	Shift+F8	删除横线

注意：如果要删除横线或某个触点则需用鼠标选定删除对象然后按下键盘上的Del 键。

状态转移图编辑模式

1. 如图 3-30 所示，新建工程界面选择程序语言为 SFC。

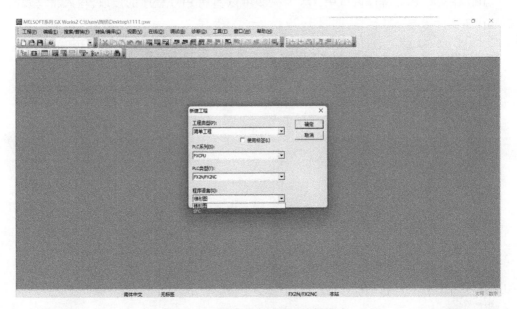

图 3-30　进入状态转移图编辑模式

2. 设置块标题后，进入如图 3-31 所示编辑界面。
3. 按照 SFC 结构，在左边 SFC 编辑界面绘制完成整体状态图，然后在右边编辑界面分别完成各状态和转移条件的内置梯形图，直至 SFC 编辑界面中问号全部消除，如

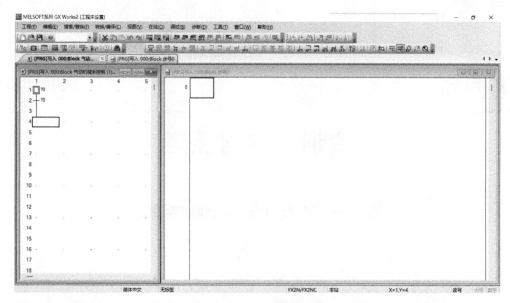

图 3-31　SFC 编辑界面

图 3-32 所示。

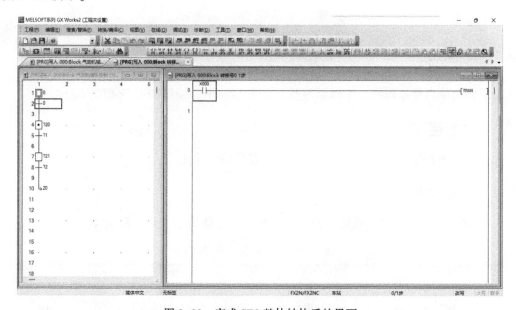

图 3-32　完成 SFC 整体结构后的界面

注意:SFC 编辑过程中,还应设置程序开始,即 LAD0 部分初始化动作,因篇幅关系这里不再进行详细叙述,在软件实际使用过程中可不断摸索。GX Work2 软件功能简单,对于初学者而言掌握起来比较容易,同时该款软件也是 PLC 学习的基础。

第四章

实训内容与课题

第一节 典型单元控制程序设计

典型单元控制程序设计是梯形图编程的基础,在前一章典型单元程序中列举了启保停、延时、闪烁、定时器追赶、长定时、比较共 6 类常用电路设计的范本,本节将围绕这些电路开展实训任务。

课题一 启保停控制电路

▲ **实训目的**

掌握简单启保停电路的工作原理及 PLC 控制系统的编程和程序调试方法。

▲ **实训题目**

两个按钮控制一台电机,绿色按钮启动,红色按钮停止。

▲ **要求及实施步骤**

1. 根据题意列写出需要使用的元器件并填写完整的端子分配表,见表 4-1。

表 4-1 电路端子分配表

输入 IN			输出 OUT		
外部器件符号	对应 PLC 端子	功能	外部器件符号	对应 PLC 端子	功能
SB_1	X0	启动			

2. 画出 I/O 硬件接线图。

3. 设计相应的控制程序并调试。

课题二 定时器控制电路

▲ 实训目的

掌握通用定时器(T0-T199)的工作原理及基本使用方法。

▲ 实训题目

要求两个按钮控制一台电机,分别设计相应的控制程序。
1. 绿色按钮按下过后,延时 5s 后电机启动;红色按下后电机停止。
2. 绿色按钮按下过后,电机启动;红色按下后,延时 5s 后电机停止。
3. 绿色按钮按下过后,延时 5s 后电机启动;红色按下后,延时 5s 后电机停止。

▲ 要求及实施步骤

1. 根据题意列写出需要使用的元器件并填写完整的端子分配表,见表 4-2。

表 4-2 电路端子分配表

输入 IN			输出 OUT		
外部器件符号	对应 PLC 端子	功能	外部器件符号	对应 PLC 端子	功能
SB_1	X0	启动			

2. 画出 I/O 硬件接线图。

```
        L    N

     ┌─────────┐
     │         │
     │ FX1S-30MR│
     │         │
     └─────────┘
```

3. 设计相应的控制程序并调试。
(1) 延时启动、立即停止。
(2) 立即启动、延时停止。
(3) 延时启动、延时停止。

课题三　闪烁控制电路

▲ 实训目的

1. 掌握闪烁电路的工作原理及基本使用方法。
2. 掌握普通计数器的工作原理及基本使用方法。

▲ 实训题目

要求两个按钮控制一盏灯,分别设计相应的控制程序。
1. 绿色按钮按下过后,灯闪烁(亮 2s 灭 1s);红色按钮按下后电机停止。
2. 绿色按钮按下过后,灯闪烁(亮 1s 灭 2s),5 次后停止;红色按钮按下后,立即停止。

▲ 要求及实施步骤

1. 根据题意列写出需要使用的元器件并填写完整的端子分配表,见表 4-3。

表 4-3　电路端子分配表

输入 IN			输出 OUT		
外部器件符号	对应 PLC 端子	功能	外部器件符号	对应 PLC 端子	功能
SB1	X0	启动			

2. 画出 I/O 硬件接线图。

3. 设计相应的控制程序并调试。

(1) 绿色按钮按下过后,灯闪烁(亮 2s 灭 1s);红色按钮按下后电机停止。

(2) 绿色按钮按下过后,灯闪烁(亮 1s 灭 2s),5 次后停止;红色按钮按下后,立即停止。

课题四 脉冲控制电路

实训目的

1. 掌握脉冲电路的工作原理及程序调试方法。
2. 掌握普通计数器的使用方法。

实训题目

1. 要求一个按钮控制一盏灯,分别使用脉冲电路与计数器设计相应的控制程序。
2. 第一次按下按钮,灯点亮并保持;第二次按下按钮灯熄灭;第三次按下按钮循环上述动作。

要求及实施步骤

1. 根据题意列写出需要使用的元器件并填写完整的端子分配表,见表 4-4。

表 4-4 电路端子分配表

输入 IN			输出 OUT		
外部器件符号	对应 PLC 端子	功能	外部器件符号	对应 PLC 端子	功能
SB_1	X0	启动			

2. 画出 I/O 硬件接线图。

3. 设计相应的控制程序并调试。
(1) 脉冲电路程序。
(2) 计数器电路程序。

课题五 定时器追赶电路

实训目的

掌握定时器追赶电路的工作原理与使用方法;综合运用定时器、计数器设计相应控制程序。

实训题目

霓虹灯控制程序设计。

PLC 上电运行后,即让指示灯按"PLC→实→验→室→欢→迎→你"顺序点亮,间隔 1s;全亮 3s 后,以 0.5Hz 频率闪烁 5 次;闪烁完成后再全亮 3s;然后逆序熄灭,间隔 0.5s,循环上述动作。按下 SB_1,程序循环完成一个周期后停止;按下 SB_2,立即停止。

要求及实施步骤

1. 根据题意列写出需要使用的元器件并填写完整的端子分配表,见表 4-5。

表 4-5 电路端子分配表

输入 IN			输出 OUT		
外部器件符号	对应 PLC 端子	功能	外部器件符号	对应 PLC 端子	功能

2. 画出 I/O 硬件接线图

3. 设计相应的控制程序并调试。

课题六 多台电动机的启停控制电路

▶ 实训目的

掌握 PLC 控制电动机的基本原理及方法;能够运用典型单元电路来实现对电动机常见动作的控制。

▶ 实训题目

两个按钮控制三台电动机。
1. SB_1 按下,电动机按 $M_1 \rightarrow M_2 \rightarrow M_3$ 顺序启动,间隔 5s。
2. SB_2 按下,电动机按 $M_3 \rightarrow M_2 \rightarrow M_1$ 逆序停止,间隔 3s。
3. 若在启动过程中按下 SB_2,也按相同的规律停止。

▶ 要求及实施步骤

1. 根据题意列写出需要使用的元器件并填写完整的端子分配表,见表 4-6。

表 4-6 电路端子分配表

输入 IN			输出 OUT		
外部器件符号	对应 PLC 端子	功能	外部器件符号	对应 PLC 端子	功能
SB_1	X0	启动			

81

2. 画出 I/O 硬件接线图。

3. 设计相应的控制程序并调试。

课题七　电动机的 Y—△降压启动控制电路

实训目的

能够综合运用典型单元电路来实现对电动机的动作控制。

实训题目

电动机的 Y—△降压启动控制,正反转能直接切换,均从低速开始运行;并分别利用软件与硬件来实现对电动机的过载保护。

1. SB_1 按下,电动机正转低速启动,5s 后切换为正转高速。
2. SB_2 按下,电动机反转低速启动,5s 后切换为反转高速。
3. SB_3 按下,停止。

要求及实施步骤

1. 根据题意列写出需要使用的元器件并填写完整的端子分配表,见表 4-7。

表 4-7　电路端子分配表

输入 IN			输出 OUT		
外部器件符号	对应 PLC 端子	功能	外部器件符号	对应 PLC 端子	功能
SB_1	X0	启动			

2. 画出 I/O 硬件接线图。

3. 设计相应的控制程序并调试。

第二节 实用电路控制程序设计

PLC 在控制现场应用广泛,本节将通过设计几个实用电路,掌握 PLC 简单系统开发的流程、步骤及方法。为后续复杂程序设计奠定一定的基础。

课题一 按钮式人行道控制系统

▲ 实训目的

以 PLC 为控制器,按要求设计按钮式人行道控制系统,综合应用基本电路来实现 PLC 控制系统的软硬件设计方法。

▲ 实训题目

按钮式人行道交通示意图如图 4-1 所示,本实训课题要求按照按钮式人行道对应的时序图(图 4-2)来设计控制系统(含硬件和程序),要考虑道路两边均应设计控制按钮或开关。

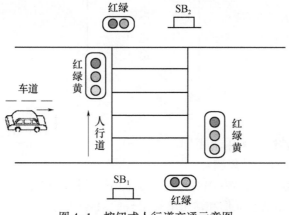

图 4-1 按钮式人行道交通示意图

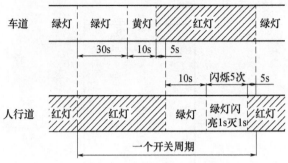

图 4-2 按钮式人行道控制时序图

要求及实施步骤

1. 根据题意列写出需要使用的元器件并填写完整的端子分配表,见表 4-8。

表 4-8 按钮式人行道端子分配表

输入 IN			输出 OUT		
外部器件符号	对应 PLC 端子	功能	外部器件符号	对应 PLC 端子	功能

2. 画出 I/O 硬件接线图。

3. 设计相应的控制程序并调试。

一个开关周期动作设计思路:

可先按照定时器追赶电路+闪烁电路组合的形式设计,在此基础上再设计对应的输出电路,最后消除初始状态动作和输出电路出现的双线圈。

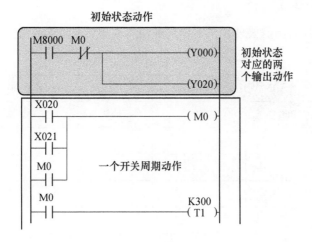

课题二 运料小车自动往返控制系统

▶ **实训目的**

掌握运料小车的基本动作要求,运用前面相关的电机控制知识和 PLC 梯形图程序设计的一般方法实现其运动控制。

▶ **实训题目**

运料小车自动往返示意图如图 4-3 所示,本实训项目应采用电动机的正反转控制来实现运料小车的前进与后退。

1. 设 A 点为小车原位,系统上电后,若小车不在 A 点,可按下调整按钮使其回到 A 点;

2. 按下启动按钮,小车在 A 点装料,8s 后完成装料前往 B 地(卸料处),到达限位开关 SQ₂ 处,卸料电磁阀动作,5s 后完成卸料,然后返回 A 点重新装料;

3. 按下停止按钮小车返回 A 点停止;按下急停按钮,立即停车。

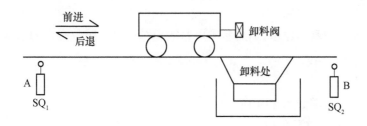

图 4-3 运料小车自动往返示意图

要求及实施步骤

1. 根据题意列写出需要使用的元器件并填写完整的端子分配表,见表 4-9。

表 4-9 运料小车自动往返端子分配表

输入 IN			输出 OUT		
外部器件符号	对应 PLC 端子	功能	外部器件符号	对应 PLC 端子	功能

2. 画出 I/O 硬件接线图。

3. 设计相应的控制程序并调试。

课题三 数码管显示控制系统

实训目的

掌握数码显示的基本原理;运用基本电路实现对七段共阴数码管的控制。

实训题目

数码管显示示意图如图 4-4 所示。

1. 按下 SB_1,七段共阴数码管 0—9 循环显示,每秒切换一个数字。
2. 按下 SB_2,七段共阴数码管 0—9 显示一个周期后停止。
3. 按下 SB_3,立即停止。

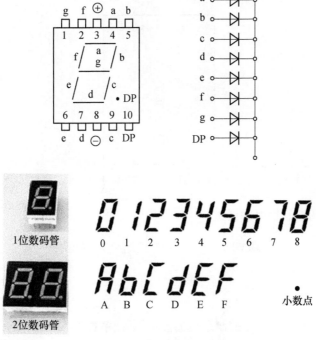

图 4-4 数码管显示示意图

要求及实施步骤

1. 根据题意列写出需要使用的元器件并填写完整的端子分配表,见表 4-10。

表 4-10 数码管显示端子分配表

输入 IN			输出 OUT		
外部器件符号	对应 PLC 端子	功能	外部器件符号	对应 PLC 端子	功能

2. 画出 I/O 硬件接线图。

3. 设计相应的控制程序并调试。

课题四 十字路口交通灯控制系统

◢ 实训目的

熟悉十字路口交通信号灯控制系统的基本原理,掌握PLC控制的一般系统的基本设计方法和技巧。

◢ 实训题目

十字路口交通示意图如图4-5所示,对应的时序图如图4-6所示,给出了车道信号灯的变化规律。(要注意东西方向与南北方向对应关系)

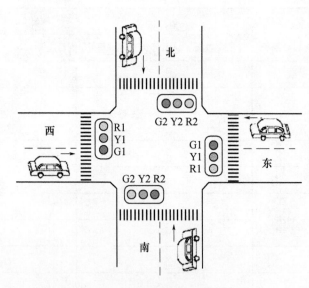

图4-5 十字路口交通灯示意图

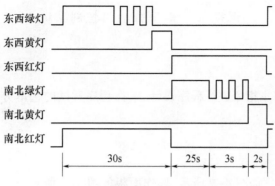

图 4-6　十字路口交通灯(车道)时序图

▸ **要求及实施步骤**

1. 根据题意列写出需要使用的元器件并填写完整的端子分配表,见 4-11。

表 4-11　十字路口交通灯端子分配表

输入 IN			输出 OUT		
外部器件符号	对应 PLC 端子	功能	外部器件符号	对应 PLC 端子	功能

2. 画出 I/O 硬件接线图。

3. 设计相应的控制程序并调试。

课题五 车库自动门控制系统

实训目的

综合应用 PLC 基本指令进行程序设计,掌握程序调试的基本方法,培养阅读控制任务书的能力。

实训题目

车库自动门示意图如图 4-7 所示,操作面板如图 4-8 所示,车库自动门控制装置由入口传感器、出口传感器、开门到位上限位开关、关门到位下限位开关、开门执行机构、关门执行机构等部件组成。

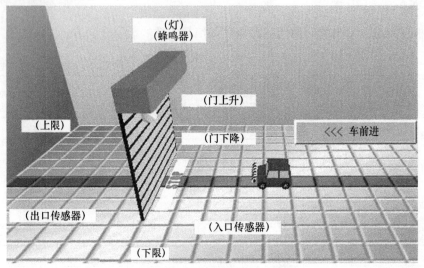

图 4-7 车库自动门示意图

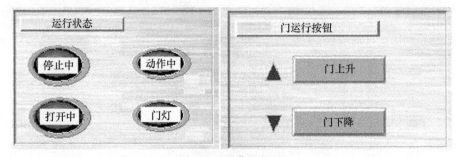

图 4-8 操作面板图

1. 当有车由外到内通过入口传感器时,开门执行机构动作,电动机正转,到达开门上限位时,电动机停止运行,自动门在开门位置停留。
2. 当出口传感器检测到车辆来后,关门执行机构启动,电动机反转,当门移动到关门下限位时,电动机停止运行。

3. 在关门过程中,当有车辆通过入口传感器时,应立即停止关门,并自动进入开门程序。

4. 当门处于开门或关门动作过程中时,蜂鸣器 0.5Hz 鸣叫,同时门灯以 0.5Hz 频率闪烁;当门处于完全打开状态时,门灯长亮,蜂鸣器停止鸣叫。

► **要求及实施步骤**

1. 根据题意列写出需要使用的元器件并填写完整的端子分配表,见表 4-12。

表 4-12　车库自动门控制系统端子分配表

输入 IN			输出 OUT		
外部器件符号	对应 PLC 端子	功能	外部器件符号	对应 PLC 端子	功能

2. 画出 I/O 硬件接线图。

3. 设计相应的控制程序并调试。

第三节 顺序控制系统的程序设计

顺序控制就是按照一定的顺序来完成各个工序,这种方法规律性强、结构清晰、可读性好;利用这种先进的编程方法,初学者也可以编写出较复杂的顺序控制程序。通过本节的实训掌握状态转移图(SFC)与启保停的设计方法与步骤。

课题一 运料小车自动往返控制系统

◆ 实训目的

掌握电动机及送料小车自动往返的控制原理与方法;掌握单流程状态转移图与启保停的设计方法与步骤。

◆ 实训题目

运料小车自动往返示意图如图4-9所示,请分别使用启保停电路与SFC完成程序设计与系统调试。

1. 设A点为小车原位,系统上电后,若小车不在A点,可按下调整按钮使其回到A点;
2. 按下启动按钮,小车在A点装料,10s后完成装料前往B地(卸料处),到达限位开关SQ_2处,卸料电磁阀动作,10s后完成卸料,然后返回A点重新装料。
3. 按下停止按钮小车返回A点停止;按下急停按钮,立即停车。
4. 在A、B两点分别安有前、后硬限位开关。

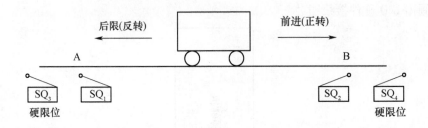

图4-9 运料小车自动往返示意图

◆ 要求及实施步骤

1. 根据题意列写出需要使用的元器件并填写完整的端子分配表,见表4-13。

表 4-13 运料小车自动往返端子分配表

输入 IN			输出 OUT		
外部器件符号	对应 PLC 端子	功能	外部器件符号	对应 PLC 端子	功能

2. 画出 I/O 硬件接线图。

3. 设计相应的控制程序并调试。

SFC 参考程序结构与提示：

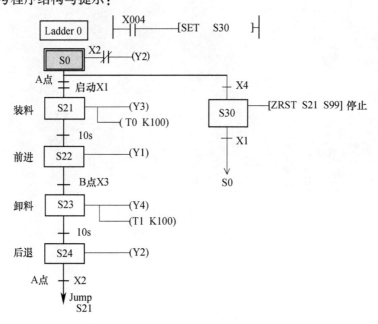

课题二 多级皮带轮传输控制系统

实训目的

掌握皮带传输控制系统的控制原理及其应用；掌握 SFC 中跳转、转移、急停等基本编程方法。

实训题目

三级皮带轮传输示意图如图 4-10 所示，请根据题意找出所需元器件、完成端子分配表，分别使用启保停与 SFC 编程并完成调试。

1. 启动时为了避免物料在传输带上形成堆积，传输带系统按"下段→中段→上段→供给"的顺序启动，间隔 3s。

2. 停止时为了避免物料在传输带上形成残留，传输带系统按"供给→上段→中段→下段"的顺序停止，间隔 5s。

3. 紧急停止：按下急停按钮，系统立即停车。

4. 故障停止：当上段传输带故障时，上段传输带与供给立即停止，然后中段传输带与下段传输带停止，间隔 5s；当中段传输带故障时，上段传输带、中段传输带与供给立即停止，然后下段传输带停止，间隔 5s；当下段传输带故障时，系统立即停止。

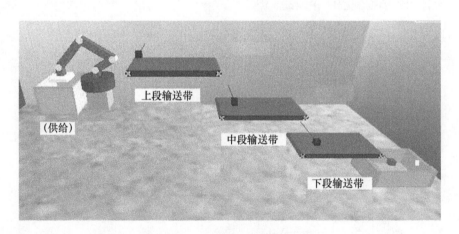

图 4-10 三级皮带轮传输示意图

要求及实施步骤

1. 根据题意列写出需要使用的元器件并填写完整的端子分配表，见表 4-14。

表 4-14 多级皮带轮传输端子分配表

输入 IN			输出 OUT		
外部器件符号	对应 PLC 端子	功能	外部器件符号	对应 PLC 端子	功能

2. 画出 I/O 硬件接线图。

3. 设计相应的控制程序并调试。

SFC 参考程序结构：

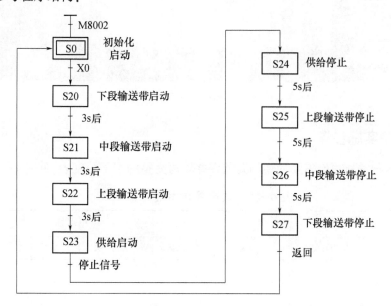

课题三 数码管显示控制系统

◆ 实训目的

掌握运用启保停电路与 SFC 控制七段共阴数码管的原理与方法。

◆ 实训题目

数码管显示应用举例如图 4-11 所示。
1. 使用七段共阴数码管显示 9~0,间隔 1s,循环 5 次后停止。
2. 要求能急停与周期停。
3. 具备断电保持功能。

图 4-11 数码管显示应用举例

◆ 要求及实施步骤

1. 根据题意列写出需要使用的元器件并填写完整的端子分配表,见表 4-15。

表 4-15 数码管显示端子分配表

输入 IN			输出 OUT		
外部器件符号	对应 PLC 端子	功能	外部器件符号	对应 PLC 端子	功能

（续）

输入 IN			输出 OUT		
外部器件符号	对应 PLC 端子	功能	外部器件符号	对应 PLC 端子	功能

2. 画出 I/O 硬件接线图。

3. 设计相应的控制程序并调试。

SFC 编程提示与参考程序结构：

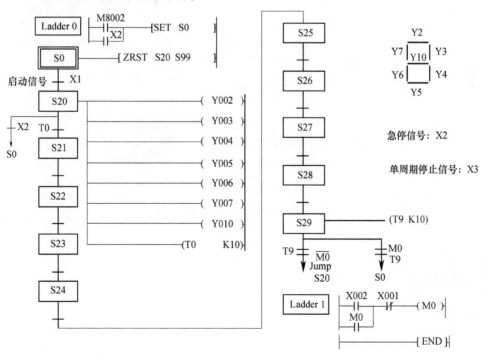

课题四 按钮人行道控制系统

▲ **实训目的**

理解按钮式人行道控制系统,运用并行程序来实现该控制系统的软硬件设计。

▲ **实训题目**

按钮式人行道交通示意图如图 4-12 所示,时序图如图 4-13 所示,分别使用启保停与 SFC 编程方式编程。

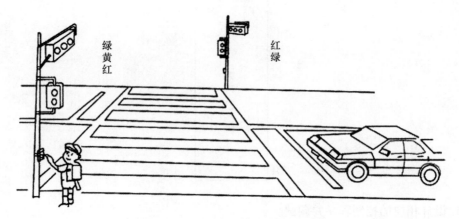

图 4-12 按钮式人行道交通示意图

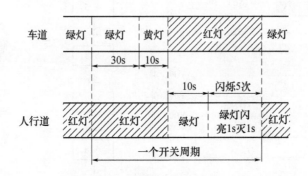

图 4-13 按钮式人行道控制时序图

▲ **要求及实施步骤**

1. 根据题意列写出需要使用的元器件并填写完整的端子分配表,见表 4-16。

表 4-16　按钮式人行道端子分配表

输入 IN			输出 OUT		
外部器件符号	对应 PLC 端子	功能	外部器件符号	对应 PLC 端子	功能

2. 画出 I/O 硬件接线图。

3. 设计相应的控制程序并调试。

SFC 参考程序结构：

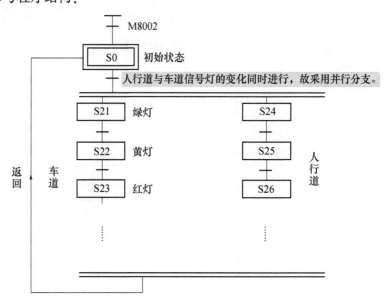

课题五　十字路口交通灯控制系统

实训目的

熟悉十字路口交通信号灯控制系统的基本原理,掌握 PLC 控制的一般系统的基本设计方法和技巧。

实训题目

十字路口交通示意图如图 4-14 所示,对应的时序图如图 4-15 所示,给出了东西方向信号灯的变化规律,请根据对应关系自行绘制南北方向时序图。

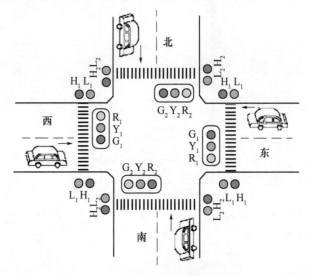

图 4-14　十字路口交通灯示意图

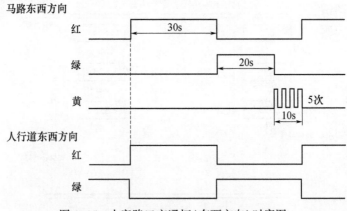

图 4-15　十字路口交通灯(东西方向)时序图

要求及实施步骤

1. 根据题意列写出需要使用的元器件并填写完整的端子分配表,见表 4-17。

表 4-17 十字路口交通灯端子分配表

输入 IN			输出 OUT		
外部器件符号	对应 PLC 端子	功能	外部器件符号	对应 PLC 端子	功能

2. 画出 I/O 硬件接线图。

FX1S-30MR

3. 设计相应的控制程序并调试。

课题六 自动卷帘门控制系统

实训目的

综合应用 PLC 编程技巧,掌握系统安装调试的方法,提升阅读控制任务书的能力。

实训题目

自动卷帘门示意图如图 4-16 所示,自动门控制装置由门内光电探测开关 K_1、门外光电探测开关 K_2、开门到位限位开关 K_3、关门到位限位开关 K_4、开门执行机构 KM_1(使直流电动机正转)、关门执行机构 KM_2(使直流电动机反转)等部件组成。

101

1. 当有人由内到外或由外到内通过光电检测开关 K_1 或 K_2 时,开门执行机构 KM_1 动作,电动机正转,到达开门限位开关 K_3 位置时,电动机停止运行。

2. 自动门在开门位置停留 8s 后,自动进入关门过程,关门执行机构 KM_2 被启动,电动机反转,当门移动到关门限位开关 K_4 位置时,电动机停止运行。

3. 在关门过程中,当有人员由外到内或由内到外通过光电检测开关 K_2 或 K_1 时,应立即停止关门,并自动进入开门程序。

4. 在门打开后的 8s 等待时间内,若有人员由外至内或由内至外通过光电检测开关 K_2 或 K_1 时,必须重新开始等待 8s 后,再自动进入关门过程,以保证人员安全通过。

图 4-16　自动卷帘门示意图

要求及实施步骤

1. 根据题意列写出需要使用的元器件并填写完整的端子分配表,见表 4-18。

表 4-18　自动卷帘门端子分配表

输入 IN			输出 OUT		
外部器件符号	对应 PLC 端子	功能	外部器件符号	对应 PLC 端子	功能

2. 画出 I/O 硬件接线图。

3. 设计相应的控制程序并调试。

课题七　全自动洗衣机控制系统

▲ 实训目的

综合运用 PLC 的编程技巧,使之程序简单化;培养同学们的阅读控制书的能力。

▲ 实训题目

常见的全自动洗衣机如图 4-17 所示,某全自动洗衣机控制系统动作流程如下:
1. 按下启动按钮系统启动。
2. 进水阀门 KM_1 打开直到高水位,关闭进水阀门。
3. 2s 后开始洗涤。
4. 洗涤时,正转 15s,停 2s,然后反转 15s,停 2s。
5. 如此循环 3 次后开始排水,排水到低水位后 3s 停止排水,转为脱水 15s。
6. 脱水完成后再重复 2~5 步骤,进行清洗,当 SA 选择速洗(OFF)时清洗工作进行 1 遍;当 SA 选择洗涤(ON)时清洗工作进行 2 遍。

图 4-17　常见全自动洗衣机

7. 清洗完成后,指示灯按照亮 0.5Hz 频率动作闪烁 5 次,同时蜂鸣器报警,然后自动停机。

8. 若按下停止按钮,系统立即停机。

▶ 要求及实施步骤

1. 根据题意列写出需要使用的元器件并填写完整的端子分配表,见表 4-19。

表 4-19　全自动洗衣机端子分配表

输入 IN			输出 OUT		
外部器件符号	对应 PLC 端子	功能	外部器件符号	对应 PLC 端子	功能

2. 画出 I/O 硬件接线图。

3. 设计相应的控制程序并调试。

课题八　自动混料装置控制系统

▶ 实训目的

综合运用 PLC 的编程技巧,使之程序简单化;培养同学们阅读控制书的能力。

实训题目

有一液体混料装置用 PLC 控制,如图 4-18 所示。工作时,该装置可实现两种配方物料的自动搅拌。当开关 SA 处于 OFF 时(SA 处于左位),此时工作指示灯 L_1 按照 1Hz 频率闪亮,表示可执行第一种配方。当开关 SA 处于 ON 时(SA 处于右位),此时工作指示灯 L_2 按照 2Hz 频率闪亮,表示可执行第二种配方。两种配方模式下的具体动作要求如下:

1. 配方一:启动按钮 SB_1 按下,工作指示灯 L_1 变为长亮。工作流程为:阀 B 开启,液体 B 经由管道 B 流入混料罐体。当到达中液位时(SI_2 通电),阀 B 关闭,停止进料。搅拌泵电机按照正转 3s 停 2s,反转 3s 停 2s 的动作循环 3 次后停止,同时阀 C 开启,将搅拌后的液体经由管道 C 排出,当到达低液位(SI_1 断电)3s 后完成一个工作循环,循环上述动作直到按下停止按钮。

2. 配方二:启动按钮 SB_1 按下,工作指示灯 L_2 变为闪亮(亮 1s 灭 1s)。工作流程为:阀 A 开启,液体 A 经由管道 A 流入混料罐体。当到达中液位时(SI_2 通电),阀 A 关闭,阀 B 开启,液体 B 经由管道 B 流入混料罐体,当到达高液位时(SI_3 通电),阀 B 关闭,停止进料。搅拌泵电机按照正转 5s 停 2s,反转 5s 停 2s 的动作循环 3 次后停止,同时阀 C 开启,将搅拌后的液体经由管道 C 排出,当到达低液位(SI_1 断电)3s 后完成一个工作循环,循环上述动作直到按下停止按钮。

任何一种配方模式下,当停止按钮 SB_2 按下,设备需完成一个工作循环后停止。

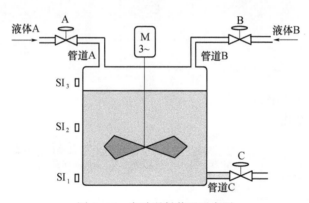

图 4-18 自动混料装置示意图

要求及实施步骤

1. 根据题意列写出需要使用的元器件并填写完整的端子分配表,见表 4-20。

表 4-20 自动混料装置端子分配表

输入 IN			输出 OUT		
外部器件符号	对应 PLC 端子	功能	外部器件符号	对应 PLC 端子	功能

（续）

输入 IN			输出 OUT		
外部器件符号	对应 PLC 端子	功能	外部器件符号	对应 PLC 端子	功能

2. 画出 I/O 硬件接线图。

3. 设计相应的控制程序并调试。

SFC 参考程序结构：

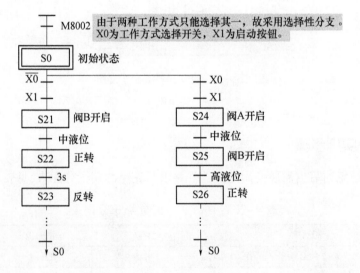

第四节　气动控制程序设计

> 液压与气动设备是自动化生产系统中的常用装置,用来驱动执行机构,代替人的劳动,提高生产效率。气动技术传动介质为气体,具有安全、廉价、对环境无污染的特点,是以压缩气体为工作介质进行能量和信号的传递,与PLC及外围设备实现生产过程的自动化,广泛应用于各种类型的自动化生产线中,特别是在工业、食品、医药等行业得到了广泛的应用。

课题一　多缸工作控制系统

▲ **实训目的**

结合气动,使同学们了解气动的基本原理、构造、应用以及如何实现自动控制。

▲ **实训题目**

多缸工作控制系统如图4-19所示,使用PLC控制电磁阀让气缸按一定的要求运转。

控制要求:

1. 按下SB_1,缸1伸出→缸2伸出、缩回共3次→缸3伸出2s后→缸3缩回→缸1缩回、伸出3次→全部缩回的工作方式循环。

2. 按下SB_2,完成一个工作周期后停止。

3. 按下SB_3,立即停止。

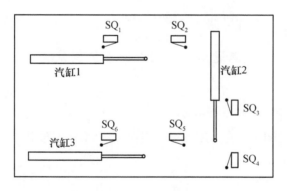

图4-19　多缸工作控制系统

▲ **要求及实施步骤**

1. 根据题意列写出需要使用的元器件并填写完整的端子分配表,见表4-21。

表 4-21　多缸工作控制系统端子分配表

输入 IN			输出 OUT		
外部器件符号	对应 PLC 端子	功能	外部器件符号	对应 PLC 端子	功能

2. 画出 I/O 硬件接线图。

3. 设计相应的控制程序并调试。

课题二　气动机械手控制系统

实训目的

使同学们所学的知识综合运用到本次实训上，以增强同学对专业知识的应用及巩固。

实训题目

某简易物料搬运机械手将重复把 A 工作台上的物料搬运到 B 工作台上(其动作要求:下降→夹紧 2s 后→上升→右移→下降→放松→上升→左移……如此循环)，示意图如图 4-20 所示。该设备由双线圈两位电磁阀推动气缸来实现机械手的上升、下降和旋转的，而夹紧与放松是由单线圈两位电磁阀驱动气缸来实现的，线圈通电则夹紧、失电则放松；机械手的各个动作都由相应的限位开关来控制其行程；夹紧、放松需用时间控制。

为满足生产需要,机械手应设置手动工作方式、自动工作方式和回原点工作方式。

1. 手动方式

便于对设备进行调整和检修,用按钮对机械手每一个动作单独进行控制。

2. 自动工作方式

分为单周期和连续两种工作方式:

(1) 单周期工作方式:按下启动按钮,机械手从原点开始,按工序自动完成一个周期的动作,返回原点后停止。

(2) 连续工作方式:按下启动按钮,机械手从原点开始,按工序自动反复连续工作,直到按下停止按钮,机械手完成最后一个周期动作后,返回原点自动停止。

3. 回原点工作方式

(1) 机械手控制系统在原点时,各检测元件和执行元件的状态为:左限位开关闭合,上限位开关闭合,工作钳处于放松状态,在原位处应有原位指示灯。

(2) 当机械手不在原位时,可选用回原位工作方式,然后按回原点启动按钮,使系统自动返回原点状态。

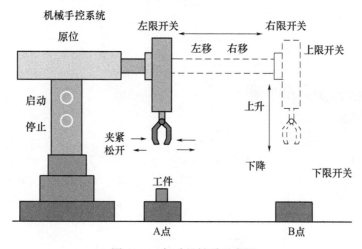

图 4-20 气动机械手示意图

▎**要求及实施步骤**

1. 根据题意列写出需要使用的元器件并填写完整的端子分配表,见表 4-22。

表 4-22 气动机械手端子分配表

输入 IN			输出 OUT		
外部器件符号	对应 PLC 端子	功能	外部器件符号	对应 PLC 端子	功能

（续）

输入 IN			输出 OUT		
外部器件符号	对应 PLC 端子	功能	外部器件符号	对应 PLC 端子	功能

2. 画出 I/O 硬件接线图。

3. 设计相应的控制程序并调试。

SFC 编程提示：

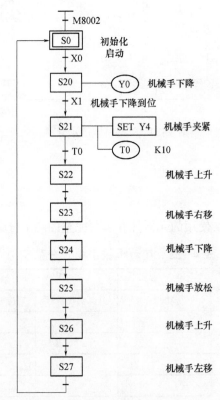

课题三　全自动物料分检控制系统

实训目的

使同学们所学的知识综合运用到本次实训上,以增强同学对专业知识的应用及巩固。

实训题目

某物料自动分检系统(图4-21),机械手将物料从物料出口搬运到传送带上,系统根据物料成分(金属、非金属)、表面颜色(红、黄、蓝)自动分拣到各自指定的位置上。(其端子分配表见后)

控制要求:

为满足生产需要,机械手应设置手动工作方式、连续工作方式和回原点工作方式。

1. 手动方式,便于对设备进行调整和检修,用按钮对机械手每一个动作单独进行控制。

2. 连续工作方式,按下启动按钮,机械手从原点开始,按工序自动反复连续工作,直到按下停止按钮,机械手完成最后一个周期动作后,返回原点自动停止。

3. 回原点工作方式,当机械手不在原位时,可选用回原位工作方式,按回原点启动按钮,使系统自动返回原点状态。

图4-21　全自动物料分检控制系统

要求及实施步骤

1. 根据题意列写出需要使用的元器件并填写完整的端子分配表,见表4-23。

表 4-23　气动机械手端子分配表

I/O 端子分配表			
X1	检测信号(黄色)	Y1	机械手动作电磁阀(右转线圈)
X2	检测信号(红色)	Y2	机械手动作电磁阀(左转线圈)
X3	检测信号(蓝色、金属)	Y3	机械手动作电磁阀(缩回线圈)
X4	检测信号(蓝色、非金属)	Y4	机械手动作电磁阀(伸出线圈)
X5	检测信号(进料)	Y5	机械手动作电磁阀(下降线圈)
X6	步进电机控制开关(速度/旋转方向)	Y6	机械手动作电磁阀(上升线圈)
X11	出料气缸伸出限位传感器(黄色)	Y7	机械手动作电磁阀(夹紧线圈)
X12	出料气缸伸出限位传感器(红色)	Y10	机械手动作电磁阀(放松线圈)
X13	出料气缸伸出限位传感器(蓝色、金属)	Y11	物料检测电磁阀线圈(进料)
X14	出料气缸伸出限位传感器(蓝色、非金属)	Y12	物料检测电磁阀线圈(黄色)
X15	进料气缸伸出限位传感器	Y13	物料检测电磁阀线圈(红色)
X16	机械手上升限位传感器	Y14	物料检测电磁阀线圈(蓝色、金属)
X17	机械手下降限位传感器	Y15	物料检测电磁阀线圈(蓝色、非金属)
X20	机械手伸出限位传感器	Y40	步进电机(转速)
X21	机械手缩回限位传感器	Y41	步进电机(方向)
X22	机械手右转限位传感器		
X23	机械手左转限位传感器		

2. 画出 I/O 硬件接线图。

3. 设计相应的控制程序并调试。

参考程序结构：

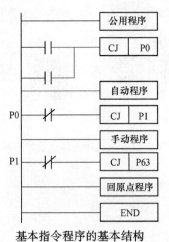

基本指令程序的基本结构

第三篇
单片机技术实训指导

第五章

基本实践任务与课题

第一节 实训软硬件环境学习

课题一 仿真器的操作

▶ 仿真器连接操作

1. 不要带电插拔串口,以防止由此产生的浪涌电流损坏 MAX232 通信芯片。
2. 按照如下顺序连接仿真器:
（1）联机(接通)正确顺序:插好仿真用串口旋紧固定螺栓→插上 USB 电源接口→连接目标硬件。
（2）脱机(断开)正确顺序:拔下 USB 电源接口→拔下仿真用串口。如果短期内经常要使用仿真功能,无须拔下串口。

因为仿真器在通电瞬间要对系统进行自检,所以在通过 USB 给仿真系统供电之前,仿真头上不要连有负载。接通 USB 电源,自检通过后 POW LED 指示灯会亮起来,表示自检通过,此时就可以进入硬件仿真了。

▶ 复位按钮的作用

在仿真器的右侧下方有一个小的按钮,这个按钮用来给整个仿真器硬件系统复位,什么时候需要按这个按钮呢？设置好 KEIL 的硬件环境后,在每次点击 @ 进入仿真环境之前,需要按一下这个复位按钮,这样 KEIL 启动后,软件和已复位的硬件仿真器就会顺利联机,在点击 @ 进入仿真环境之后,仿真器完全由 KEIL 控制,此时不要按这个按钮,否则在仿真过程中系统将会提示联机中断。

如果需要给硬件复位的话,请先点击仿真器的复位键然后点 @ 退出 KEIL 仿真调试环境。

仿真器使用注意事项:在打开 PC 机之前请把仿真器和 PC 机的串口连好。在联机后,请千万不要带电插拔仿真器和 PC 机的接口,如果带电插拔仿真器就可能导致接口电路 MAX232 损坏。注意插拔的时候仿真器或者 PC 机至少有一方的电源是断开的。PC 机的串口和并口等接口的最大不便就是不支持热插拔,这也是开发 USB 接口的根本原因。

断开连接之前推荐步骤：

1. 按一下仿真器硬件复位按钮。

2. 按 🔍 退出仿真环境。

3. 关闭 Kell,关闭 PC 机,最后再断开硬件连接,如果要经常使用则不用断开硬件连接。

课题二　Keil C51 仿真软件的使用说明

Keil C51 软件是众多单片机应用开发的优秀软件之一,它集编辑、编译、仿真于一体,支持汇编、PLM 语言和 C 语言的程序设计,界面友好,易学易用。

▶ 工作步骤

启动 Keil C51 后,屏幕如图 5-1 所示。几秒钟后进入编辑界面,如图 5-2 所示。

图 5-1　启动 Keil C51 时的屏幕

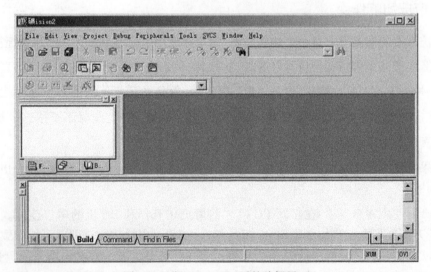

图 5-2　进入 Keil C51 后的编辑界面

简单程序的调试

学习程序设计语言、学习某种程序软件,最好的方法是直接操作实践。下面通过简单的编程、调试,引导大家学习 Keil C51 软件的基本使用方法和基本的调试技巧。

1. 单击 Project 菜单,在弹出的下拉菜单中选中 New Project 选项,建立一个新工程,如图 5-3 所示。

图 5-3 新建工程

2. 然后选择要保存的路径。输入工程文件的名字(如保存到 C51 目录里。工程文件的名字为 C51),然后点击保存,如图 5-4 所示。

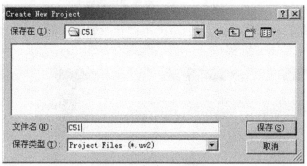

图 5-4 保存工程界面

3. 这时会弹出一个对话框,要求选择单片机的型号,用户可以根据所使用的单片机来选择,Keil C51 几乎支持所有的 51 核的单片机,这里还是以大家用的比较多的 Atmel 的 AT89C51 来说明,如图 5-5 所示,选择 AT89C51 之后,右边栏是对这个单片机的基本说明,然后点击确定。

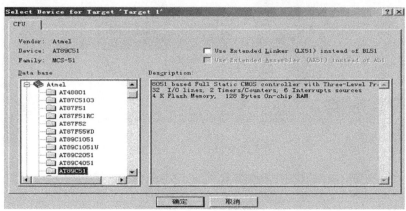

图 5-5 芯片型号确定界面

4. 完成上一步骤后,屏幕如图 5-6 所示。

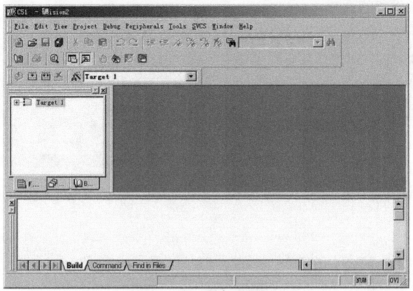

图 5-6　新工程建立后画面

到现在为止,我们还没有编写一句程序,下面开始编写我们的第一个程序。

5. 在图 5-7 中,单击 File 菜单,再在下拉菜单中单击 New 选项。

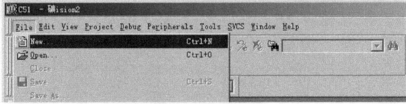

图 5-7　新建文件菜单

新建文件后屏幕如图 5-8 所示。

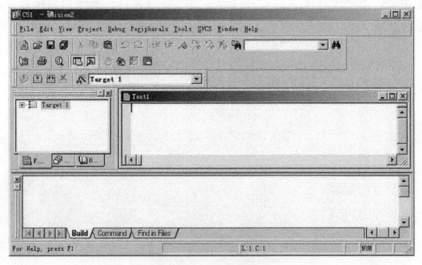

图 5-8　文件编辑画面

此时光标在编辑窗口里闪烁,这时可以键入用户的应用程序了,但笔者建议首先保存该空白的文件,单击菜单上的 File,在下拉菜单中单击 Save As 选项,屏幕如图 5-9 所示。在"文件名"栏右侧的编辑框中,键入欲使用的文件名,同时,必须键入正确的扩展名。注意,如果用 C 语言编写程序,则扩展名为".c";如果用汇编语言编写程序,则扩展名必须为".asm"。然后,单击"保存"按钮。

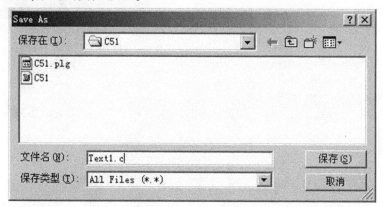

图 5-9 文件保存界面

6. 回到编辑界面后,单击"Target 1"前面的"+"号,然后在"Source Group 1"上单击右键,弹出的快捷菜单如图 5-10 所示。

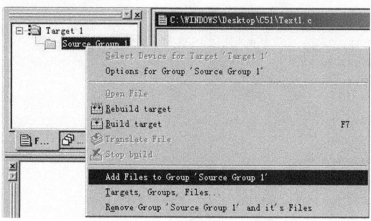

图 5-10 添加程序到工程的画面

然后单击"Add File to Group 'Source Group 1'",屏幕如图 5-11 所示。

图 5-11 源文件选择

119

选中"Test.c",然后单击"Add",屏幕如图 5-12 所示。

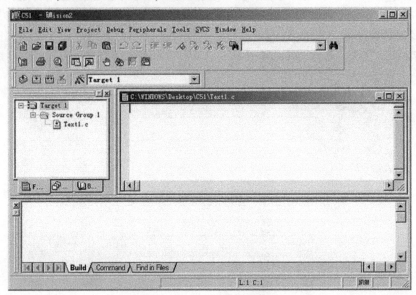

图 5-12　源文件正确添加后的界面

注意到"Source Group 1"文件夹中多了一个子项"Text1.c"了吗？子项的多少与所增加的源程序的多少相同。

7. 现在,请输入如下的 C 语言源程序:

```
#include <reg52.h>    //包含文件
#include <stdio.h>
void main(void)    //主函数
{
    SCON = 0x52;
    TMOD = 0x20;
    TH1 = 0xf3;
    TR1 = 1;    //此行及以上 3 行为 PRINTF 函数所必需
    printf("Hello I am KEIL.\n");    //打印程序执行的信息
    printf("I will be your friend.\n");
    while(1);
}
```

在输入上述程序时,读者已经看到了事先保存待编辑的文件的好处了吧,即 Keil C51 会自动识别关键字,并以不同的颜色提示用户加以注意,这样会使用户少犯错误,有利于提高编程效率。程序输入完毕后,如图 5-13 所示。

8. 在上图中,单击 Project 菜单,再在下拉菜单中单击 Built Target 选项(或者按快捷键 F7),编译成功后,再单击 Project 菜单,在下拉菜单中单击"Start/Stop Debug Session"(或者按快捷键 Ctrl+F5),屏幕如图 5-14 所示。

9. 调试程序:在上图中,单击 Debug 菜单,在下拉菜单中单击 Go 选项,(或者按快捷键 F5),然后再单击 Debug 菜单,在下拉菜单中单击 Stop Running 选项(或者按快捷键

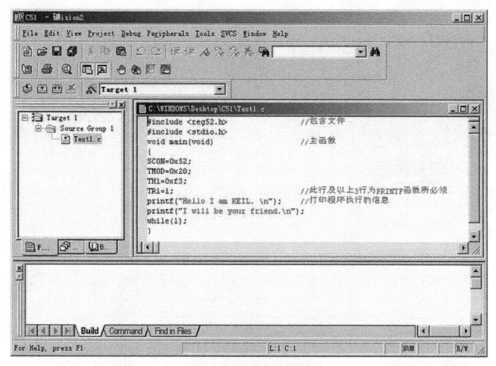

图 5-13 程序输入后画面

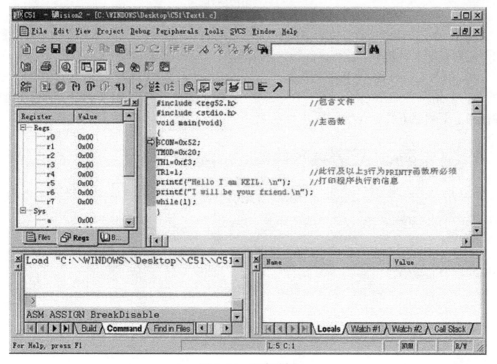

图 5-14 程序编译

Esc);再单击 View 菜单,再在下拉菜单中单击"Serial Windows #1"选项,就可以看到程序运行后的结果,其结果如图 5-15 所示。

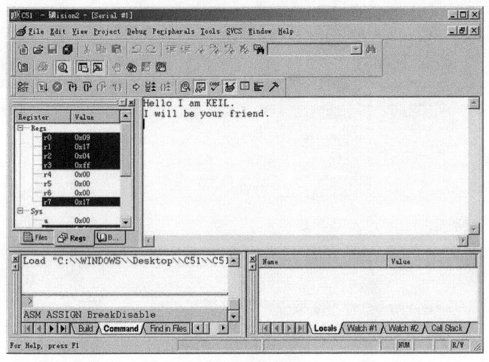

图 5-15　程序运行画面

至此,我们在 Keil C51 上做了一个完整工程的全过程。但这只是纯软件的开发过程,如何使用程序下载器看一看程序运行的结果呢?

10. 单击 Project 菜单,再在下拉菜单中单击"Options for Target'Target 1'"在图 5-16 中,单击 Output 中单击 Create HEX File 选项,使程序编译后产生 HEX 代码,供下载器软件使用。把程序下载到 AT89C51 单片机中。

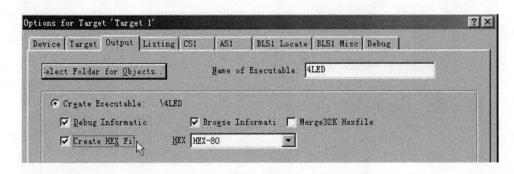

图 5-16　HEX 代码生成选择菜单

常用菜单介绍

常用菜单见表 5-1~表 5-4。

第五章 基本实践任务与课题

表 5-1　项目菜单和项目命令 Project

菜单	工具栏	快捷键	描述
New Project			创建新项目
Importμ Vision1 Project			转化 μ Vision1 的项目
Open Project			打开一个已经存在的项目
Close Project			关闭当前的项目
Target Environment			定义工具、包含文件和库的路径
Targets, Groups, Files			维护一个项目的对象、文件组和文件
Select Device for Target			选择对象的 CPU
Remove			从项目中移走一个组或文件
Options	⚒	Alt+F7	设置对象、组或文件的工具选项
File Extensions			选择不同文件类型的扩展名
Build Target	📅	F7	编译修改过的文件并生成应用
Rebuild Target	📅		重新编译所有的文件并生成应用
Translate	⬇	Ctrl+F7	编译当前文件
Stop Build	✂		停止生成应用的过程
1~7			打开最近打开过的项目

表 5-2　调试菜单和调试命令 Debug

菜单	工具栏	快捷键	描述
Start/Stop Debugging	@	Ctrl+F5	开始/停止调试模式
Go	⬇	F5	运行程序,直到遇到一个中断
Step	↪	F11	单步执行程序,遇到子程序则进入
Step over	↷	F10	单步执行程序,跳过子程序
Step out of	{}	Ctrl+F11	执行到当前函数的结束
Current function stop Runing	⊗	Esc	停止程序运行
Breakpoints			打开断点对话框
Insert/Remove Breakpoint	✋		设置/取消当前行的断点
Enable/Disable Breakpoint	✋		使能/禁止当前行的断点
Disable All Breakpoints	✋		禁止所有的断点

(续)

菜单	工具栏	快捷键	描述
Kill All Breakpoints			取消所有的断点
Show Next Statement			显示下一条指令
Enable/Disable Trace Recording			使能/禁止程序运行轨迹的标识
View Trace Records			显示程序运行过的指令
Memory Map			打开存储器空间设置对话框
Performance Analyzer			打开设置性能分析的窗口
Inline Assembly			对某一行重新汇编,可以修改汇编代码
Function Editor			编辑调试函数和调试设置文件

表5-3 外围器件菜单 Peripherals

菜单	工具栏	描述
Reset CPU		复位 CPU
以下为单片机外围器件的设置对话框(对话框的种类及内容依赖于你选择的 CPU)		
Interrupt		中断观察
I/O-Ports		I/O 口观察
Serial		串口观察
Timer		定时器观察
A/D Conoverter		A/D 转换器
D/A Conoverter		D/A 转换器
I^2C Conoverter		I^2C 总线控制器
Watchdog		看门狗

表5-4 工具菜单 Tool

菜 单	描 述
Setup PC-Lint	设置 Gimpel Software 的 PC-Lint 程序
Lint	用 PC-Lint 处理当前编辑的文件
Lint all C Source Files	用 PC-Lint 处理项目中所有的 C 源代码文件
Setup Easy-Case	设置 Siemens 的 Easy-Case 程序
Start/Stop Easy-Case	运行/停止 Siemens 的 Easy-Case 程序
Show File(Line)	用 Easy-Case 处理当前编辑的文件
Customize Tools Menu	添加用户程序到工具菜单中

课题三 AT89S51 单片机下载器软件使用

AT89S51 单片机下载器是专门用于下载程序到单片机系统中,该软件使用方便。启动软件之后进入如图 5-17 的界面。

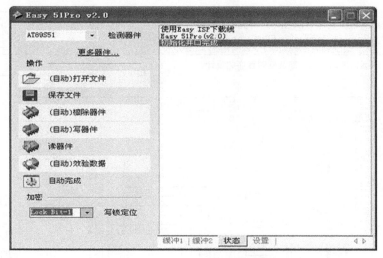

图 5-17 Esay Pro 下载软件登录界面

在上图中:

1. 界面右边为操作状态显示区。

2. 界面左上为下载芯片选择区,该软件支持多种芯片的程序在线下载,对系统板上的单片机 AT89S51 是其中一种,软件默认情况下为 AT89S51 单片机。

3. 界面左边为在线下载的操作区,它可以提供如下的操作。

(1) 初始化:启动 AT89S51 单片机进入 ISP 下载状态,若启动成功,则状态显示区就会显示如图 5-18 所示的文字。否则,不成功会有"初始化失败"的字样提示。

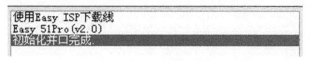

图 5-18 ISP 端口初始化

(2) 特征字:点击一下检测器件,会读出单片机的芯片的特征字,对于 AT89S51 单片机的特征字为:1E 51 06。

(3) 擦除器件:是把单片机的内容擦除干净,即单片机内部 ROM 的内容全为 FFH。

(4) 写器件:把代码区中的程序代码下载到单片机的内部 ROM 中。注意在编程之前,要对单片机芯片进行擦除操作。

(5) 效验数据:是经过编程之后,对下载到单片机内部 ROM 中的内容与代码区的内容相比较,若程序下载过程中完全正确,则提示校验正确,否则提示出现错误。那就得需要重新下载程序到 ROM 中。

(6) 自动:提供了从内部 ROM 从擦除到编程,最后到校验这三个过程。

(7) 读器件:从单片机内部 ROM 中读取内容到代码显示区中。

第二节　学生实训课题

课题一　基础项目

实习题目	LED 每隔 1s 左移点亮一次，移完后又每隔 1s 右移点亮，移完后再左移，如此循环。要求 1s 延时采用循环定时程序编写。
实习目的	掌握输出端口的控制及延时程序的设计。
所需元器件	
硬件参考图	
程序	

(续)

实习题目	2. 控制过程与 1 题基本相同,要求采用定时器延时,分别用定时器的四种工作方式编写四个程序。
实习目的	掌握定时/计数器的工作原理及应用。
所需元器件	
硬件图	
程序	

(续)

程序	

(续)

实习题目	3. 外部中断(INT0/INT1),主程序将 8 个 LED 作左右移,外部中断时,使 8 个 LED 同时闪烁 5 次。
实习目的	掌握外部中断的工作原理及应用。
所需元器件	
硬件图	
程序	

(续)

实习题目	4. 定时中断,将8个LED作每隔1s左移一次。要求1s定时采用定时中断实现。
实习目的	掌握定时中断的工作原理及应用。
所需元器件	
硬件图	
程序	

(续)

实习题目	5.定时中断和外部中断同时存在,将8个LED作每隔1s左移一次,当外部中断时,8个LED闪烁5次。
实习目的	掌握中断的工作原理及应用。
所需元器件	
硬件图	
程序	

课题二 简单系统设计

实习题目	1. 十字路口交通信号灯的自动控制。
实习目的	掌握单片机结构、原理,能用单片机开发简单系统。
所需元器件	
硬件图（仿真调试图）	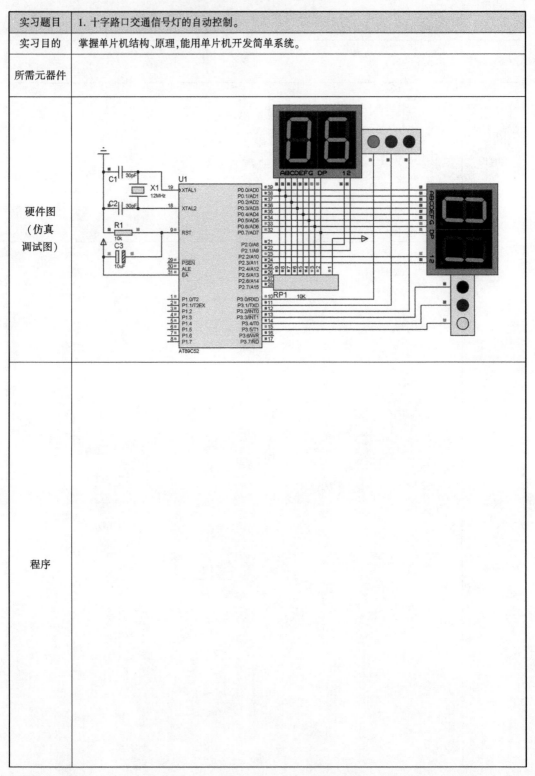
程序	

（续）

实习题目	2. 两位数码管静态显示：00~99 计数。
实习目的	掌握数码管 LED 的应用。
所需元器件	
硬件图 （仿真调试图）	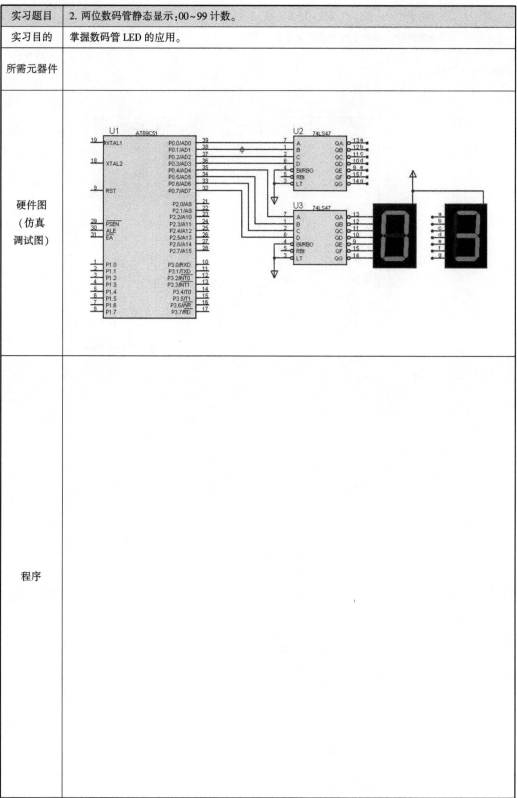
程序	

(续)

实习题目	3. 两位数码管动态显示：00~99 计数。
实习目的	掌握数码管 LED 的应用,掌握查表指令。
所需元器件	
硬件图（仿真调试图）	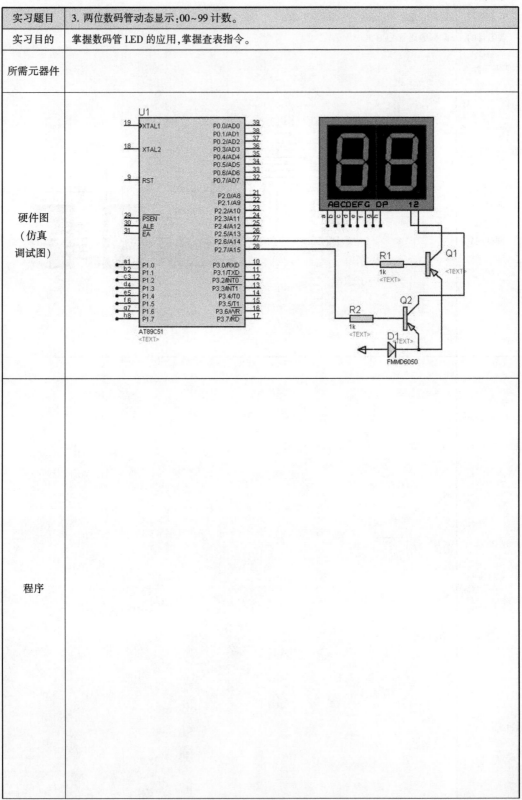
程序	

(续)

实习题目	4. 广告艺术灯的控制程序设计。
实习目的	掌握 8051 的循环延时程序；掌握定时器的使用方法，中断的用法。
所需元器件	
硬件图	
程序	

课题三 软件类实验——存储器块清零

实验目的

1. 掌握存储器读写方法。
2. 了解存储器块的操作方法。

实验说明

本实验指定某块存储器的起始地址和长度,要求能将其内容清零。通过该实验学生可以了解单片机读写存储器的方法,同时也可以了解单片机编程、调试方法。

实验要求及步骤

1. 安装好仿真器,用串行数据通信线连接计算机与仿真器,把仿真头插到模块的单片机插座中,打开模块电源,插上仿真器电源插头(USB 线)。

2. 启动 PC 机,打开 Keil 软件,软件设置为模拟调试状态。根据程序流程图,编写源程序并将程序以"*.asm"格式保存。在所建的 Project 文件中添加编写好的源程序进行编译。

3. 编译无误后,全速运行程序。打开数据窗口,选择外部数据存储器窗口 XDATA,观察 8000H (MEMORY#2 窗口输入 X:8000H 后回车)起始的 256 个字节单元的内容,若全为 0,则点击各单元,用键盘输入不为 0 的值。按程序提示设置断点,执行程序,点击全速执行快捷按钮,点击暂停按钮,观察存储块数据变化情况,256 个字节全部清零(红色)。点击复位按钮,可再次运行程序。

4. 打开 CPU 窗口,选择单步或跟踪执行方式运行程序,观察 CPU 窗口各寄存器的变化,可以看到程序执行的过程,加深对实验的了解。

程序流程图

程序流程图如图 5-19 所示。

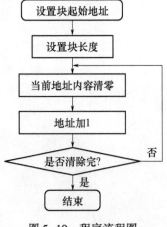

图 5-19 程序流程图

课题四 软件类实验——二进制 BCD 码转换

实验目的

1. 掌握简单的数值转换算法。
2. 了解数值的各种表达方法。

实验说明

单片机中的数值有各种表达方式,这是单片机的基础。掌握各种数制之间的转换是一种基本功。我们将给定的一字节二进制数,转换成二十进制(BCD)码。将累加器 A 的值拆为三个 BCD 码,并存入 RESULT 开始的三个单元。

实验要求及步骤

1. 安装好仿真器,用串行数据通信线连接计算机与仿真器,把仿真头插到模块的单片机插座中,打开模块电源,插上仿真器电源插头(USB 线)。

2. 启动 PC 机,打开 Keil 软件,软件设置为模拟调试状态。根据程序流程图,编写源程序并将程序以"*.asm"格式保存。在所建的 Project 文件中添加编写好的源程序进行编译。

3. 打开数据窗口(DATA)(在 MEMORY#1 中输入"D:30H"回车),点击暂停按钮,观察地址 30H、31H、32H 的数据变化。30H 更新为 01,31H 更新为 02,32H 更新为 03。

4. 用键盘输入改变地址 30H、31H、32H 的值,点击复位按钮后,可再次运行程序,观察其实验效果。修改源程序中给累加器 A 的赋值,重复实验,观察实验效果。

程序流程图

程序流程图如图 5-20 所示。

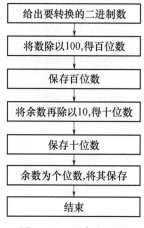

图 5-20 程序流程图

课题五 实际应用类实验——直流电机控制

实验目的

1. 了解脉宽调制(PWM)的原理。
2. 学习用 PWM 输出模拟量驱动直流电机。
3. 熟悉 51 系列单片机的延时程序。

实验说明

PWM 是单片机上常用的模拟量输出方法,用占空比不同的脉冲驱动直流电机转动,从而得到不同的转速。通过调整输出脉冲的占空比来调节直流电机的转速。本实验使用 6V 直流电机。

实验要求及步骤

1. 安装好仿真器,用串行数据通信线连接计算机与仿真器,把仿真头插到模块的单片机插座中,打开模块电源,插上仿真器电源插头(USB 线)。
2. 启动 PC 机,打开 Keil 软件,软件设置为模拟调试状态。根据程序流程图,编写源程序并将程序以"*.asm"格式保存。在所建的 Project 文件中添加编写好的源程序进行编译。
3. 单片机最小应用系统的 P1.7 接直流电机驱动模块的 PWM 输入口 CONTROL,最小系统的 INT0 接直流电机驱动模块 PULSEOUT。
4. 控制要求:运行时,电机按照"运行 2s,停 3s"的动作循环往复运行 10 次后停止。对应红色发光二极管按照 1Hz 频率闪烁报警。

程序流程图

程序流程图如图 5-21 所示。

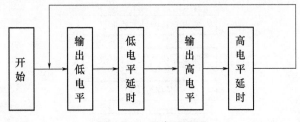

图 5-21 程序流程图

课题六 实际应用类实验——查询式键盘控制步进电机

实验目的

1. 了解步进电机控制的基本原理。

2. 掌握控制步进电机转动的编程方法。
3. 了解单片机控制外部设备的常用电路。

▲ 实验说明

1. 步进电机有三线式、五线式、六线式三种,但其控制方式均相同,必须以脉冲电流来驱动。若每旋转一圈以 20 个励磁信号来计算,则每个励磁信号前进 18°,其旋转角度与脉冲数成正比,正反转可由脉冲顺序来控制。

2. 步进电机的励磁方式可分为全步励磁及半步励磁,其中全步励磁又有 1 相励磁及 2 相励磁之分,而半步励磁又称 1-2 相励磁。图为步进电机的控制等效电路,适应控制 A、B、/A、/B 的励磁信号,即可控制步进电机的转动。每输出一个脉冲信号,步进电机只走一步。因此,依序不断送出脉冲信号,即可步进电机连续转动。

(1) 1 相励磁法:在每一瞬间只有一个线圈导通。消耗电力小,精确度良好,但转矩小,振动较大,每送一励磁信号可走 18°。若欲以 1 相励磁法控制步进电机正转,其励磁顺序见表 5-5。若励磁信号反向传送,则步进电机反转。

励磁顺序:A→B→C→D→A。

表 5-5 1 相励磁法励磁顺序表

STEP	A	B	C	D
1	1	0	0	0
2	0	1	0	0
3	0	0	1	0
4	0	0	0	1

(2) 2 相励磁法:在每一瞬间会有两个线圈同时导通。因其转矩大,振动小,故为目前使用最多的励磁方式,每送一励磁信号可走 18°。若以 2 相励磁法控制步进电机正转,其励磁顺序见表 5-6。若励磁信号反向传送,则步进电机反转。

励磁顺序:AB→BC→CD→DA→AB。

表 5-6 2 相励磁法励磁顺序表

STEP	A	B	C	D
1	1	1	0	0
2	0	1	1	0
3	0	0	1	1
4	1	0	0	1

(3) 1-2 相励磁法:为 1 相与 2 相轮流交替导通。因分辨率提高,且运转平滑,每送一励磁信号可走 9°,故亦广泛被采用。若以 1 相励磁法控制步进电机正转,其励磁顺序见表 5-7。若励磁信号反向传送,则步进电机反转。

励磁顺序:A→AB→B→BC→C→CD→D→DA→A。

表 5-7 1-2 相励磁法励磁顺序表

STEP	A	B	C	D
1	1	0	0	0
2	1	1	0	0
3	0	1	0	0
4	0	1	1	0
5	0	0	1	0
6	0	0	1	1
7	0	0	0	1
8	1	0	0	1

3. 电机的负载转矩与速度成反比,速度愈快负载转矩愈小,当速度快至其极限时,步进电机即不再运转。所以在每走一步后,程序必须延时一段时间。

实验要求及步骤

1. 安装好仿真器,用串行数据通信线连接计算机与仿真器,把仿真头插到模块的单片机插座中,打开模块电源,插上仿真器电源插头(USB 线)。

2. 启动 PC 机,打开 Keil 软件,软件设置为模拟调试状态。根据程序流程图,编写源程序并将程序以"*.asm"格式保存。在所建的 Project 文件中添加编写好的源程序进行编译。

3. 单片机最小应用系统的 P1.7 接直流电机驱动模块的 PWM 输入口 CONTROL,最小系统的 INT0 接直流电机驱动模块 PULSEOUT。

4. 控制要求:运行时,电机按照"运行 2s,停 3s"的动作循环往复运行 10 次后停止。对应红色发光二极管按照 1Hz 频率闪烁报警。

电路原理图

电路原理图如图 5-22 所示。

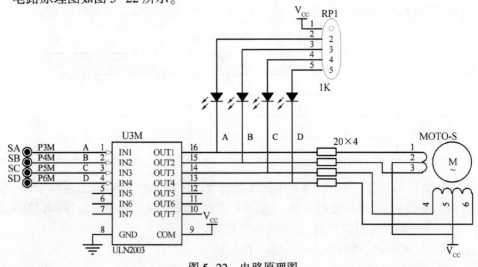

图 5-22 电路原理图

课题七 实际应用类实验——电子琴模拟实验

实验目的

1. 了解单片机系统发声原理。
2. 进一步熟悉基本编程方法。

实验说明

各音阶标称频率值见表 5-8。

表 5-8 各音阶标称频率值

音阶	1	2	3	4	5	6	7
频率/Hz	261.1	293.7	329.6	349.2	392.0	440.0	493.9

实验要求及步骤

1. 控制要求:利用查询式键盘,使数字键 1、2、3、4、5、6、7 作为电子琴按键,按下即发出相应的音调。用 P1.0 端口发出音频脉冲,驱动喇叭。
2. 硬件连接:单片机最小应用系统的 P0 端口 JD1F 接查询式键盘 JD2B,单片机 P1.0 端口接音频驱动的 SP+,SP-接 GND。
3. 打开 Keil uVision2 仿真软件,首先建立本实验的项目文件,编写源程序并添加,最后进行编译,直到编译无误。
4. 全速运行程序,按查询式键盘的 K0~K6 键,扬声器发出高低不同的声音。
5. 调试正确后将源程序编译成可执行文件,把可执行文件用 ISP 烧录器烧录到 89S52/89S51 芯片中运行。

电路原理图

电路原理图如图 5-23 所示。

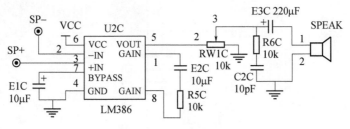

图 5-23 电路原理图

第六章

创新型实践课题

第一节 基本实践课题

课题一 闪烁灯的制作

▶ 任务描述

如图 6-1 所示,在 P1.0 端口上接一个发光二极管 D1,使 D1 在不停地一亮一灭,一亮一灭的时间间隔为 0.2s。

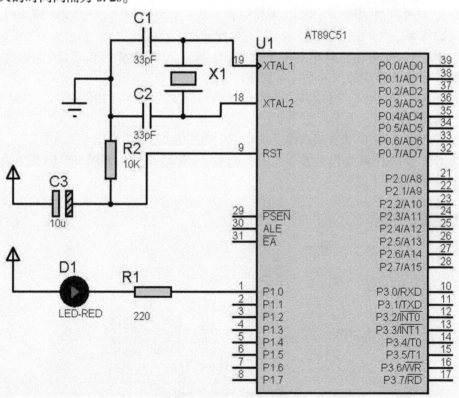

图 6-1 硬件连接图

任务实施

1. 系统板上硬件连线

把"单片机系统"区域中的 P1.0 端口用导线连接到"八路发光二极管指示模块"区域中的 L1 端口上。

2. 程序设计内容

(1) 延时程序的设计方法:作为单片机,指令的执行时间是很短的,数量达微秒级。因为我们要求的闪烁时间间隔为 0.2s,相对于微秒来说,相差太大,所以我们在执行某一指令时,插入延时程序,来达到我们的要求,但这样的延时程序如何设计呢?下面具体介绍其原理:

如图 6-1 所示的石英晶体为 12MHz,因此,1 个机器周期为 1μs。

```
                    机器周期    微秒
    MOV R6,#20      2 个        2
D1: MOV R7,#248     2 个        2          2+2×248=498   2+20×498+40
    DJNZ R7,$       2 个        2×248                    =10002
    DJNZ R6,D1      2 个        2×20=40
```

因此,上面的延时程序时间为 10.002ms。

由以上可知,当 R6=10、R7=248 时,延时 5ms,R6=20、R7=248 时,延时 10ms,以此为基本的计时单位。如本实验要求 0.2s=200ms,10ms×R5=200ms,则 R5=20,延时子程序如下:

```
DELAY:  MOV R5,#20
D1:     MOV R6,#20
D2:     MOV R7,#248
        DJNZ R7,$
        DJNZ R6,D2
        DJNZ R5,D1
        RET
```

(2) 如图 6-1 所示,当 P1.0 端口输出高电平,即 P1.0=1 时,根据发光二极管的单向导电性可知,这时发光二极管 D1 熄灭;当 P1.0 端口输出低电平,即 P1.0=0 时,发光二极管 D1 亮;我们可以使用"SETB P1.0"指令使 P1.0 端口输出高电平,使用"CLR P1.0"指令使 P1.0 端口输出低电平。

(3) 程序框图如图 6-2 所示。

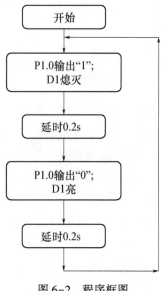

图 6-2 程序框图

课题二　模拟开关灯

任务描述

如图 6-3 所示,监视开关 K1(接在 P3.0 端口上),K1 拨上为高电平,拨下为低电平。用发光二极管 D1(接在单片机 P1.0 端口上)显示开关状态,如果开关拨上,D1 亮,开关拨下,D1 熄灭。

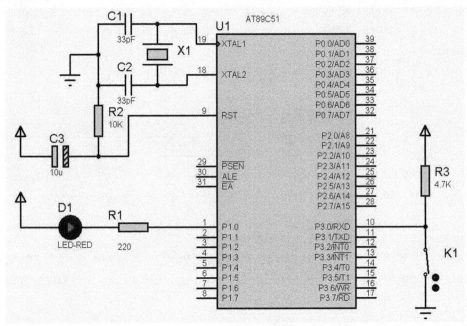

图 6-3　硬件连接图

任务实施

1. 系统板上硬件连线

(1)把"单片机系统"区域中的 P1.0 端口用导线连接到"八路发光二极管指示模块"区域中的 D1 端口上。

(2)把"单片机系统"区域中的 P3.0 端口用导线连接到"八路拨动开关"区域中的 K1 端口上。

2. 程序设计内容

(1)开关状态的检测过程:单片机对开关状态的检测相对于单片机来说,是从单片机的 P3.0 端口输入信号,而输入的信号只有高电平和低电平两种,当拨开关 K1 拨上去,即输入高电平,相当开关断开,当拨动开关 K1 拨下去,即输入低电平,相当开关闭合。单片机可以采用"JB BIT,REL"或者是"JNB BIT,REL"指令来完成对开关状态的检测即可。

(2)如图 6-3 所示,当 P1.0 端口输出高电平,即 P1.0=1 时,根据发光二极管的单向导电性可知,这时发光二极管 D1 熄灭;当 P1.0 端口输出低电平,即 P1.0=0 时,发光二极管 D1 亮;我们可以使用"SETB P1.0"指令使 P1.0 端口输出高电平,使用"CLR P1.0"指令使 P1.0 端口输出低电平。

(3) 程序框图如图 6-4 所示。

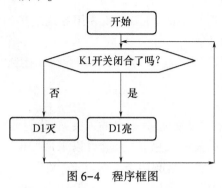

图 6-4　程序框图

课题三　多路开关状态指示

▲ 任务描述

如图 6-5 所示,AT89C51 单片机的 P1.0~P1.3 接四个发光二极管 D1~D4,P1.4~P1.7 接了四个开关 K1~K4,编程将开关的状态反映到发光二极管上。(开关闭合,对应的灯亮,开关断开,对应的灯灭)。

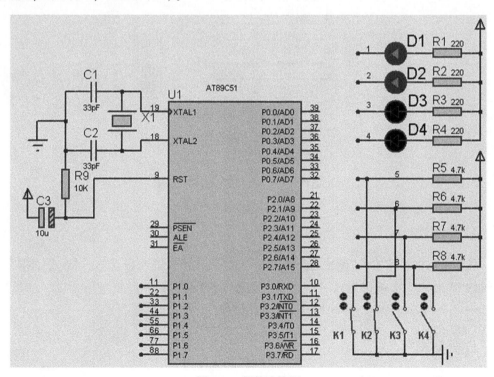

图 6-5　硬件连接图

任务实施

1. 系统板上硬件连线

（1）把"单片机系统"区域中的 P1.0~P1.3 用导线连接到"八路发光二极管指示模块"区域中的 D1~D4 端口上。

（2）把"单片机系统"区域中的 P1.4~P1.7 用导线连接到"八路拨动开关"区域中的 K1~K4 端口上。

2. 程序设计内容

（1）开关状态检测，相对单片机来说，是输入关系，我们可轮流检测每个开关状态，根据每个开关的状态让相应的发光二极管指示，可以采用"JB P1.X,REL"或"JNB P1.X,REL"指令来完成；也可以一次性检测四路开关状态，然后让其指示，可以采用"MOV A,P1"指令一次把 P_1 端口的状态全部读入，然后取高 4 位的状态来指示。

（2）根据开关的状态，由发光二极管 D1~D4 来指示，我们可以用"SETB P1.X"和"CLR P1.X"指令来完成，也可以采用"MOV P1,#1111XXXXB"方法一次指示。

（3）程序框图如图 6-6 所示。

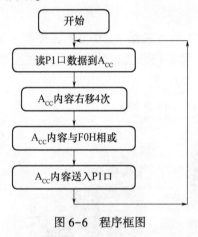

图 6-6　程序框图

课题四　广告灯的左移右移

任务描述

做单一灯的左移右移，硬件电路如图 6-7 所示，八个发光二极管 D1~D8 分别接在单片机的 P1.0~P1.7 接口上，输出"0"时，发光二极管亮，开始时 P1.0→P1.1→P1.2→P1.3→…→P1.7→P1.6→…→P1.0 亮，重复循环。

任务实施

1. 系统板上硬件连线

把"单片机系统"区域中的 P1.0~P1.7 用 8 芯排线连接到"八路发光二极管指示模

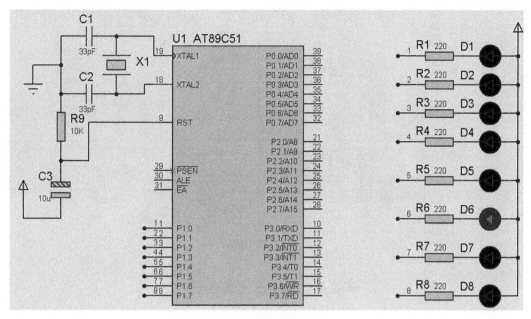

图 6-7 硬件连接图

块"区域中的 D1~D8 端口上,要求:P1.0 对应着 D1,P1.1 对应着 D2,……,P1.7 对应着 D8。

2. 程序设计内容

(1) 我们可以运用输出端口指令"MOV P1,A"或"MOV P1,#DATA",只要给累加器值或常数值,然后执行上述的指令,即可达到输出控制的动作。

(2) 每次送出的数据是不同,具体的数据见表 6-1。

表 6-1 端口控制表

P1.7	P1.6	P1.5	P1.4	P1.3	P1.2	P1.1	P1.0	说 明
D8	D7	D6	D5	D4	D3	D2	D1	
1	1	1	1	1	1	1	0	D1 亮
1	1	1	1	1	1	0	1	D2 亮
1	1	1	1	1	0	1	1	D3 亮
1	1	1	1	0	1	1	1	D4 亮
1	1	1	0	1	1	1	1	D5 亮
1	1	0	1	1	1	1	1	D6 亮
1	0	1	1	1	1	1	1	D7 亮
0	1	1	1	1	1	1	1	D8 亮

（3）程序框图如图 6-8 所示。

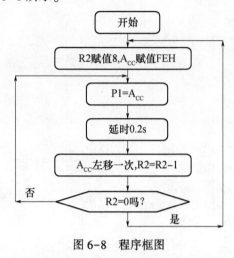

图 6-8　程序框图

课题五　报警产生器的制作

任务描述

如图 6-9 所示。用 P1.0 输出 1kHz 和 500Hz 的音频信号驱动扬声器，作报警信号，要求 1kHz 信号响 100ms，500Hz 信号响 200ms，交替进行，P1.7 接一开关进行控制，当开关合上响报警信号，当开关断开告警信号停止，编出程序。

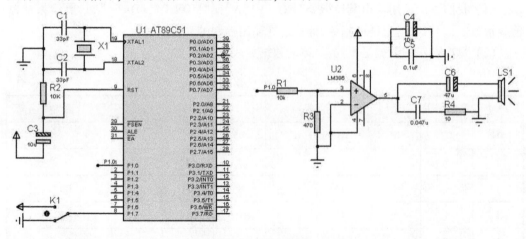

图 6-9　硬件连接图

任务实施

1. 系统板上硬件连线

（1）把"单片机系统"区域中的 P1.0 端口用导线连接到"扬声器模块"区域中的 MIC-IN 端口上。

(2) 把"单片机系统"区域中的 P1.7/RD 端口用导线连接到"八路拨动开关"区域中的 K1 端口上。

2. 程序设计内容

(1) 信号产生的方法:500Hz 信号周期为 2ms,信号电平为每 1ms 变反 1 次,1kHz 的信号周期为 1ms,信号电平每 500μs 变反 1 次。

(2) 程序框图如图 6-10 所示。

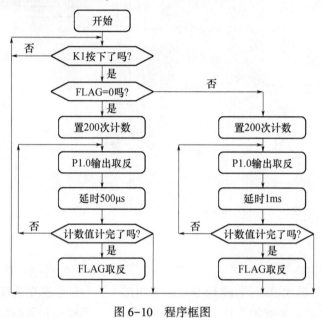

图 6-10　程序框图

第二节　按键识别与显示控制

课题一　I/O 并行口直接驱动 LED 显示

▎**任务描述**

如图 6-11 所示,利用 AT89C51 单片机的 P0 端口的 P0.0~P0.7 连接到一个共阴数码管的 a~h 的笔段上,数码管的公共端接地。在数码管上循环显示 0~9 数字,时间间隔 0.2s。

▎**任务实施**

1. 系统板上硬件连线

把"单片机系统"区域中的 P0.0/AD0~P0.7/AD7 端口用 8 芯排线连接到"四路动态数码显示模块"区域中的数码管的 a~h 端口上;要求:P0.0/AD0 与 a 相连,P0.1/AD1 与 b 相连,P0.2/AD2 与 c 相连,……,P0.7/AD7 与 h 相连。(注:由于数码管 h 端为小数点,所以 P0.7 可以不用连接。)然后选任一位选端接地。

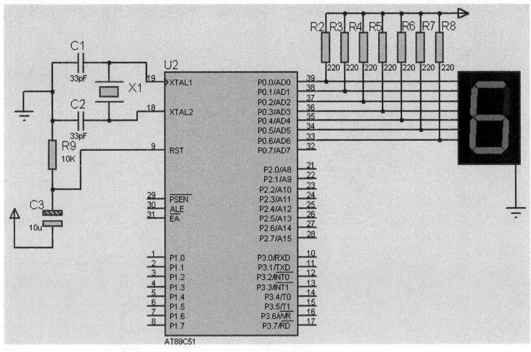

图 6-11 硬件连接图

2. 程序设计内容

（1）LED 数码显示原理：七段 LED 显示器内部由七个条形发光二极管和一个小圆点发光二极管组成，根据各管的极管的接线形式，可分成共阴极型和共阳极型。

LED 数码管的 g~a 七个发光二极管因加正电压而发亮，因加零电压而不以发亮，不同亮暗的组合就能形成不同的字形，这种组合称为字形码，下面给出共阴极的字形码见表 6-2。

表 6-2 共阴极的字形显示字符码

显示字符	字形码	显示字符	字形码
"0"	3FH	"8"	7FH
"1"	06H	"9"	6FH
"2"	5BH	"A"	77H
"3"	4FH	"b"	7CH
"4"	66H	"C"	39H
"5"	6DH	"d"	5EH
"6"	7DH	"E"	79H
"7"	07H	"F"	71H

由于显示的数字 0~9 的字形码没有规律可循，只能采用查表的方式来完成我们所需

的要求了。这样我们按着数字 0~9 的顺序,把每个数字的笔段代码按顺序排好!建立的表格程序语句如下所示:TABLE　DB　3FH,06H,5BH,4FH,66H,6DH,7DH,07H,7FH,6FH

(2)程序框图如图 6-12 所示。

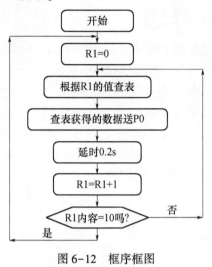

图 6-12　框序框图

课题二　按键识别技术之一

任务描述

每按下一次开关 SP1,计数值加 1,通过 AT89C51 单片机的 P1 端口的 P1.0~P1.3 显示出其二进制计数值。

任务实施

1. 系统板上硬件连线

(1)把"单片机系统"区域中的 P3.7/RD 端口连接到"低脉冲键盘"区域中的 SP1 端口上;

(2)把"单片机系统"区域中的 P1.0~P1.4 端口用 8 芯排线连接到"八路发光二极管指示模块"区域中的"D1~D8"端口上;要求 P1.0 连接到 D1,P1.1 连接到 D2,P1.2 连接到 D3,P1.3 连接到 D4 上。

2. 程序设计方法

(1)其实,作为一个按键从没有按下到按下以及释放是一个完整的过程,也就是说,当我们按下一个按键时,总希望某个命令只执行一次,而在按键按下的过程中,不要有干扰进来,因为,在按下的过程中,一旦有干扰过来,可能造成误触发过程,这并不是我们所想要的。因此在按键按下的时候,要把我们手上的干扰信号以及按键的机械接触等干扰信号给滤除掉,一般情况下,我们可以采用电容来滤除掉这些干扰信号,但实际上,会增加硬件成本及硬件电路的体积,这是我们不希望,总得有个办法解决这个问题,因此我们可

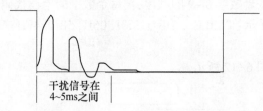

以采用软件滤波的方法去除这些干扰信号,一般情况下,一个按键按下的时候,总是在按下的时刻存在着一定的干扰信号,按下之后就基本上进入了稳定的状态。具体的一个按键从按下到释放的全过程的信号图如图 6-13 所示,从图中可以看出,我们在程序设计时,从按键被识别按下之后,延时 5ms 以上,从而避开了干扰信号区域,我们再来检测一次,看按键是否真的已经按下,若真的已经按下,这时肯定输出为低电平,若这时检测到的是高电平,证明刚才是由于干扰信号引起的误触发,CPU 就认为是误触发信号而舍弃这次的按键识别过程,从而提高了系统的可靠性。

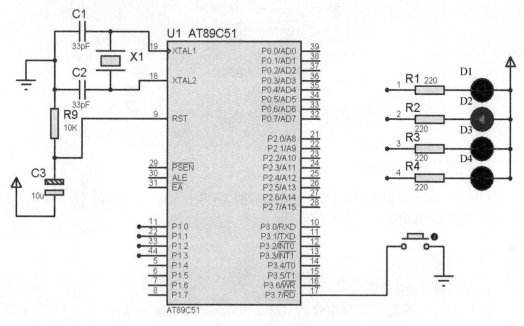

图 6-13 硬件连接图

由于要求每按下一次,命令被执行一次,直到下一次再按下的时候,再执行一次命令,因此从按键被识别出来之后,我们就可以执行这次的命令,所以要有一个等待按键释放的过程,显然释放的过程,就是使其恢复成高电平状态。

对于按键识别的指令"JB BIT,REL"是用来检测 BIT 是否为高电平,若 BIT=1,则程序转向 REL 处执行程序,否则就继续向下执行程序。或者是"JNB BIT,REL"指令是用来检测 BIT 是否为低电平,若 BIT=0,则程序转向 REL 处执行程序,否则就继续向下执行程序。

(2) 但对程序设计过程中按键识别过程的框图如图 6-14 所示。

(3) 程序框图如图 6-15 所示。

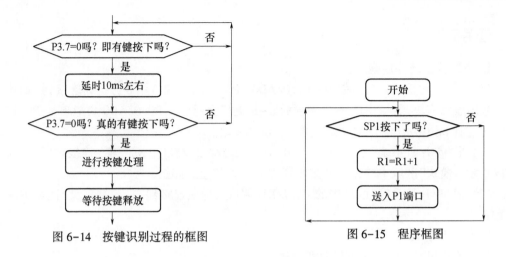

图 6-14 按键识别过程的框图　　图 6-15 程序框图

课题三　00~99 计数器制作

任务描述

利用 AT89C51 单片机来制作一个手动计数器,在 AT89S51 单片机的 P3.7 管脚接一个轻触开关,作为手动计数的按钮,用单片机的 P2.0~P2.7 接一个共阴数码管,作为 00~99 计数的个位数显示,用单片机的 P0.0~P0.7 接一个共阴数码管,作为 00~99 计数的十位数显示;硬件电路图如图 6-16 所示。

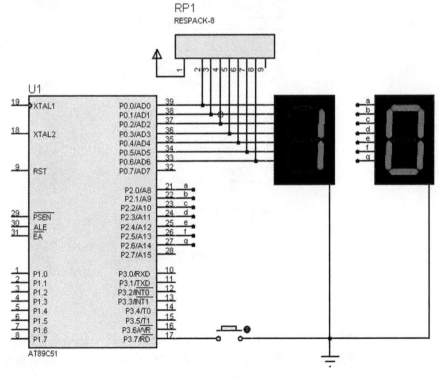

图 6-16　硬件电路图

153

任务实施

1. 系统板上硬件连线

（1）把"单片机系统"区域中的P0.0/AD0~P0.7/AD7端口用8芯排线连接到"四路动态数码显示模块"区域中的一数码管的a~h端口上；要求：P0.0/AD0对应着a，P0.1/AD1对应着b，……，P0.7/AD7对应着h。位选接地。

（2）把"单片机系统"区域中的P2.0/A8~P2.7/A15端口用8芯排线连接到"四路动态数码显示模块"区域中的另一个数码管的a~h端口上；位选接地。

（3）把"单片机系统"区域中的P3.7/RD端口用导线连接到"低脉冲键盘"区域中的SP1端口上。

2. 程序设计内容

（1）单片机对按键的识别的过程处理。

（2）单片机对正确识别的按键进行计数，计数满时，又从零开始计数。

（3）单片机对计的数值要进行数码显示，计得的数是十进数，含有十位和个位，我们要把十位和个位拆开分别送出这样的十位和个位数值到对应的数码管上显示。如何拆开十位和个位我们可以把所计得的数值对10求余，即可个位数字，对10整除，即可得到十位数字了。

（4）通过查表方式，分别显示出个位和十位数字。

（5）程序框图如图6-17所示。

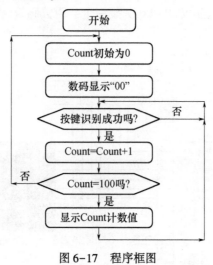

图6-17 程序框图

课题四 动态数码显示技术

任务描述

如图6-18所示，P0端口接动态数码管的字形码笔段，P2端口接动态数码管的数位选择端，P1.7接一个开关，当开关接高电平时，显示"12345"字样；当开关接低电平时，显示"HELLO"字样。

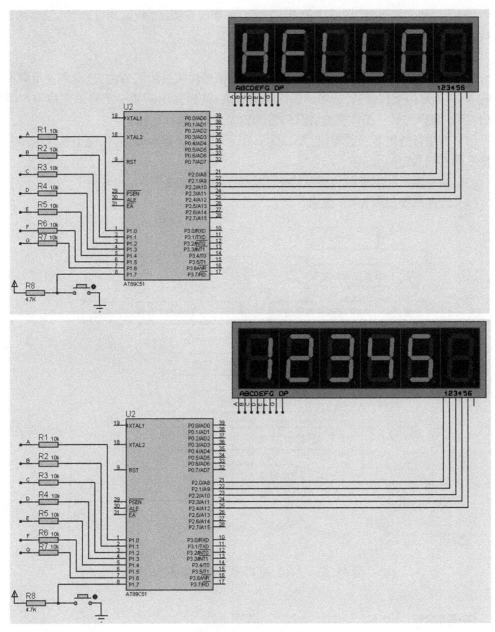

图 6-18 硬件连接图

任务实施

1. 系统板上硬件连线

(1) 把"单片机系统"区域中的 P0.0/AD0~P0.7/AD7 用 8 芯排线连接到"动态数码显示"区域中的 a~h 端口上。

(2) 把"单片机系统"区域中的 P2.0/A8~P2.7/A15 用 8 芯排线连接到"动态数码显

示"区域中的位选 S1~S8 端口上。

(3) 把"单片机系统"区域中的 P1.7 端口用导线连接到"低脉冲键盘"区域中的 SP1 端口上。

2. 程序设计内容

(1) 动态扫描方法:动态接口采用各数码管循环轮流显示的方法,当循环显示频率较高时,利用人眼的暂留特性,看不出闪烁显示现象,这种显示需要一个接口完成字形码的输出(字形选择),另一接口完成各数码管的轮流点亮(数位选择)。

(2) 在进行数码显示的时候,要对显示单元开辟 8 个显示缓冲区,每个显示缓冲区装有显示的不同数据即可。

(3) 对于显示的字形码数据我们采用查表方法来完成。

(4) 程序框图如图 6-19 所示。

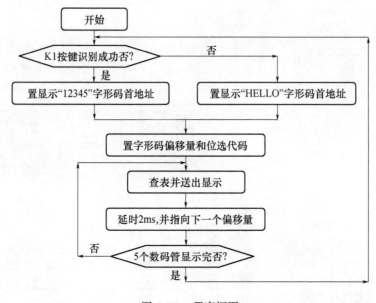

图 6-19 程序框图

课题五 4×4 矩阵式键盘识别技术

任务描述

如图 6-20 所示,用 AT89C51 的并行口 P1 接 4×4 矩阵键盘,以 P1.0~P1.3 作输入线,以 P1.4~P1.7 作输出线;在数码管上显示每个按键的"0~F"序号。

任务实施

1. 系统板上硬件连线

(1) 把"单片机系统"区域中的 P3.0~P3.7 端口用 8 芯排线连接到"4×4 行列式键盘"区域中的 A~D、1~4 端口上。

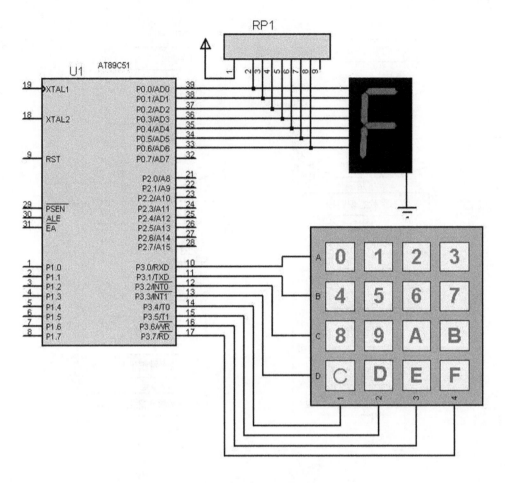

图 6-20　硬件连接图

(2) 把"单片机系统"区域中的 P0.0/AD0～P0.7/AD7 端口用 8 芯排线连接到"四路动态数码显示模块"区域中的任一个 a～h 端口上；要求 P0.0/AD0 对应着 a，P0.1/AD1 对应着 b，……，P0.7/AD7 对应着 h。位选接地。

2. 程序设计内容

(1) 4×4 矩阵键盘识别处理：每个按键有它的行值和列值，行值和列值的组合就是识别这个按键的编码。矩阵的行线和列线分别通过两并行接口和 CPU 通信。每个按键的状态同样需变成数字量"0"和"1"，开关的一端（列线）通过电阻接 V_{cc}，而接地是通过程序输出数字"0"实现的。键盘处理程序的任务是：确定有无键按下，判断哪一个键按下，键的功能是什么；还要消除按键在闭合或断开时的抖动。两个并行口中，一个输出扫描码，使按键逐行动态接地，另一个并行口输入按键状态，由行扫描值和回馈信号共同形成键编码而识别按键，通过软件查表，查出该键的功能。

(3) 程序框图如图 6-21 所示。

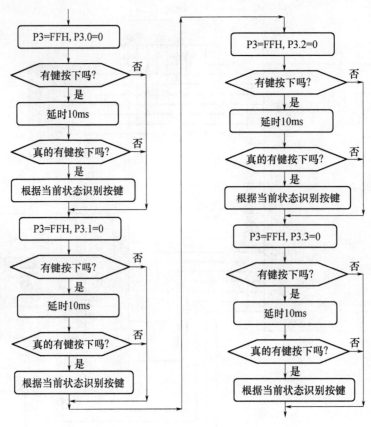

图 6-21 程序框图

第三节　定时与中断

课题一　定时计数器作定时应用技术(一)

▶ **任务描述**

用 AT89C51 单片机的定时/计数器 T0 产生 1s 的定时时间,作为秒计数时间,当 1s 产生时,秒计数加 1,秒计数到 60 时,自动从 0 开始。硬件电路如图 6-22 所示。

▶ **任务实施**

1. 系统板上硬件连线

(1) 把"单片机系统"区域中的 P0.0/AD0~P0.7/AD7 端口用 8 芯排线连接到"四路动态数码显示模块"区域中的任一个 a~h 端口上;要求:P0.0/AD0 对应着 a,P0.1/AD1 对应着 b,……,P0.7/AD7 对应着 h。位选接地。

(2) 把"单片机系统"区域中的 P2.0/A8~P2.7/A15 端口用 8 芯排线连接到"四路动

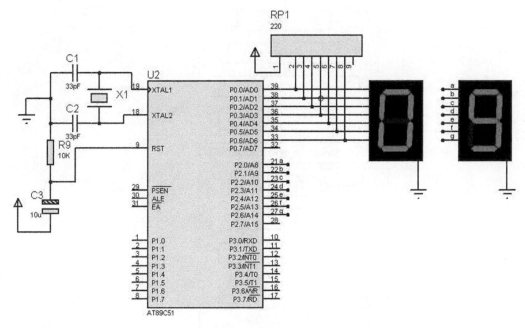

图 6-22 硬件电路

态数码显示模块"区域中的另一个 a~h 端口上;要求:P2.0/A8 对应着 a,P2.1/A9 对应着 b,……,P2.7/A15 对应着 h。位选接地。

2. 程序设计内容

(1) AT89C51 单片机的内部 16 位定时/计数器是一个可编程定时/计数器,它既可以工作在 13 位定时方式,也可以工作在 16 位定时方式和 8 位定时方式。只要通过设置特殊功能寄存器 TMOD,即可完成。定时/计数器何时工作也是通过软件来设定 TCON 特殊功能寄存器来完成的。

(2) 现在我们选择 16 位定时工作方式,对于 T0 来说,最大定时也只有 65536μs,即 65.536ms,无法达到我们所需要的 1s 的定时,因此,我们必须通过软件来处理这个问题,假设我们取 T0 的最大定时为 50ms,即要定时 1s 需要经过 20 次的 50ms 的定时。对于这 20 次我们就可以采用软件的方法来统计了。

因此,我们设定 TMOD = 00000001B,即 TMOD = 01H。

下面我们要给 T0 定时/计数器的 TH0,TL0 装入预置初值,通过下面的公式可以计算出

$TH0 = (2^{16} - 50000)/256$

$TL0 = (2^{16} - 50000) \bmod 256$

当 T0 在工作的时候,我们如何得知 50ms 的定时时间已到,这回我们通过检测 TCON 特殊功能寄存器中的 TF0 标志位,如果 TF0=1 表示定时时间已到。

(3) 程序框图如图 6-23 所示。

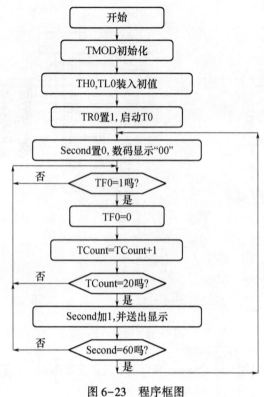

图 6-23 程序框图

课题二 定时计数器作定时应用技术(二)

任务描述

如图 6-24 所示,用 AT89C51 的定时/计数器 T0 产生 2s 的定时,每当 2s 定时到来时,更换指示灯闪烁,每个指示闪烁的频率为 0.2s,也就是说,开始 D1 指示灯以 0.2s 的速率闪烁,当 2s 定时到来之后,D2 开始以 0.2s 的速率闪烁,如此循环下去。0.2s 的闪烁速率也由定时/计数器 T0 来完成。

任务实施

1. 系统板硬件连线

把"单片机系统"区域中的 P1.0~P1.3 用导线连接到"八路发光二极管指示模块"区域中的 D1~D4 上。

2. 程序设计内容

(1) 由于采用中断方式来完成,因此,对于中断源必须它的中断入口地址,对于定时/计数器 T0 来说,中断入口地址为 000BH,因此在中断入口地方加入长跳转指令来执行中断服务程序。书写汇编源程序格式如下所示。

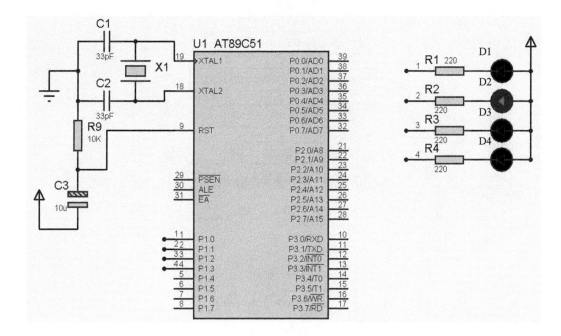

图 6-24 硬件连接图

```
            ORG   00H
            LJMP  START
            ORG   0BH    ;定时/计数器 T0 中断入口地址
            LJMP  INT_T0
START:      NOP          ;主程序开始
            ⋮
INT_T0:     PUSH  ACC    ;定时/计数器 T0 中断服务程序
            PUSH  PSW
            ⋮
            POP   PSW
            POP   ACC
            RETI         ;中断服务程序返回
            END
```

(2) 定时 2s,采用 16 位定时 50ms,共定时 40 次才可达到 2s,每 50ms 产生一中断,定时的 40 次数在中断服务程序中完成,同样 0.2s 的定时,需要 4 次才可达到 0.2s。对于中断程序,在主程序中要对中断开中断。

(3) 由于每次 2s 定时到时,D1~D4 要交替闪烁。采用 ID 来号来识别。当 ID=0 时,D1 在闪烁,当 ID=1 时,D2 在闪烁;当 ID=2 时,D3 在闪烁;当 ID=3 时,D4 在闪烁。

(4) T0 中断服务程序框图如图 6-25 所示。

(5) 程序框图如图 6-26 所示。

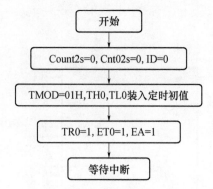

图 6-25　T0 中断服务程序框图

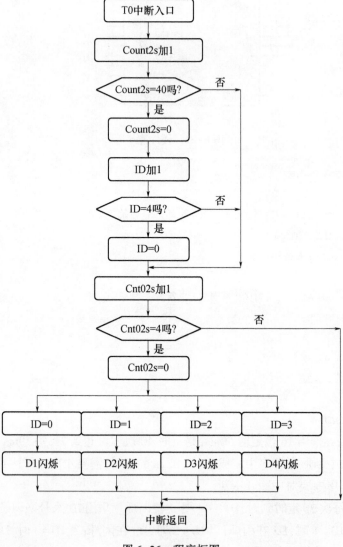

图 6-26　程序框图

第四节 简单系统开发

课题一 制作"叮咚"门铃

▎任务描述

当按下开关 SP1，AT89C51 单片机产生"叮咚"声从 P1.0 端口输出经过放大之后送入扬声器。硬件连接图如图 6-27 所示。

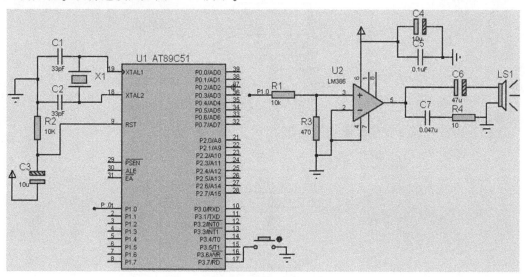

图 6-27 硬件连接图

▎任务实施

1. 系统板上硬件连线

（1）把"单片机系统"区域中的 P1.0 端口用导线连接到"扬声器模块"区域中的 MIC-IN 端口上；

（2）把"单片机系统"区域中的 P3.7/RD 端口用导线连接到"低脉冲键盘"区域中的 SP1 端口上。

2. 程序设计方法

（1）我们用单片机实定时/计数器 T0 来产生 700Hz 和 500Hz 的频率，根据定时/计数器 T0，我们取定时 250μs，因此，700Hz 的频率要经过 3 次 250μs 的定时，而 500Hz 的频率要经过 4 次 250μs 的定时。

（2）在设计过程，只有当按下 SP1 之后，才启动 T0 开始工作，当 T0 工作完毕，回到最初状态。

（3）"叮"和"咚"声音各占用 0.5s，因此定时/计数器 T0 要完成 0.5s 的定时，对于以 250μs 为基准定时 2000 次才可以。

(4) 主程序框图如图 6-28 所示。

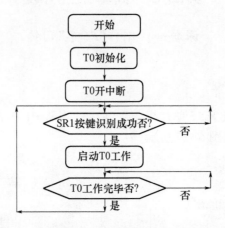

图 6-28 主程序框图

(5) T0 中断服务程序框图如图 6-29 所示。

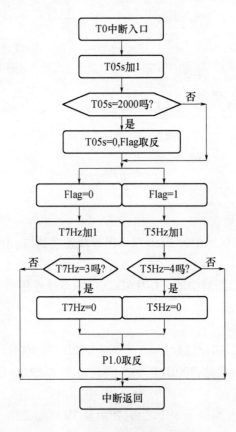

图 6-29 T0 中断服务程序框图

课题二 数字钟的制作

任务描述

1. 开机时,显示 12-00-00 的时间开始计时。
2. P0.0/AD0 控制"秒"的调整,每按一次加 1 秒。
3. P0.1/AD1 控制"分"的调整,每按一次加 1 分。
4. P0.2/AD2 控制"时"的调整,每按一次加 1 小时。

硬件连接图如图 6-30 所示。

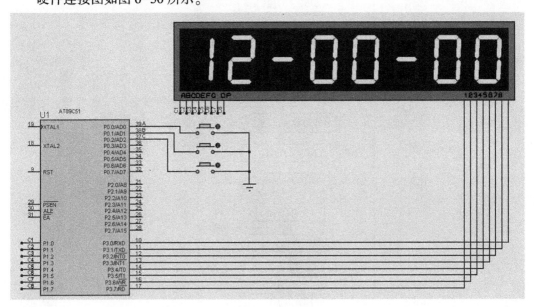

图 6-30 硬件连接图

任务实施

1. 系统板上硬件连线

(1) 把"单片机系统"区域中的 P1.0~P1.7 端口用 8 芯排线连接到"动态数码显示"区域中的 A~H 端口上;

(2) 把"单片机系统:区域中的 P3.0~P3.7 端口用 8 芯排线连接到"动态数码显示"区域中的位选 S1~S8 端口上;

(3) 把"单片机系统"区域中的 P0.0/AD0、P0.1/AD1、P0.2/AD2 端口分别用导线连接到"低脉冲键盘"区域中的 SP3、SP2、SP1 端口上。

2. 相关基本知识

(1) 动态数码显示的方法。
(2) 独立式按键识别过程。
(3) "时""分""秒"数据送出显示处理方法。

(4) 程序框图如图 6-31 所示。

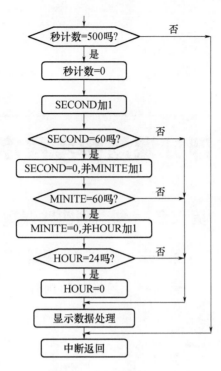

图 6-31　程序框图

附录一

部分课题参考程序

第六章 创新型实践课题

第一节 基本实践课题

课题一 闪烁灯的制作

1. 汇编源程序

```
            ORG 0
START:      CLR P1.0
            LCALL DELAY
            SETB P1.0
            LCALL DELAY
            LJMP START
DELAY:      MOV R5,#20    ;延时 0.2 秒子程序
D1:         MOV R6,#20
D2:         MOV R7,#248
            DJNZ R7,$
            DJNZ R6,D2
            DJNZ R5,D1
            RET
            END
```

2. C 语言源程序

```c
#include <AT89X51.H>
sbit L1=P1^0;

void delay02s(void)    //延时 0.2 秒子程序
{
  unsigned char i,j,k;
  for(i=20;i>0;i--)
  for(j=20;j>0;j--)
  for(k=248;k>0;k--);
}
```

```c
void main(void)
{
    while(1)
    {
        L1 = 0;
        delay02s();
        L1 = 1;
        delay02s();
    }
}
```

课题二　模拟开关灯

1. 汇编源程序

```
        ORG 00H
START:  JB P3.0,LIG
        CLR P1.0
        SJMP START
LIG:    SETB P1.0
        SJMP START
        END
```

2. C语言源程序

```c
#include <AT89X51.H>
sbit K1 = P3^0;
sbit L1 = P1^0;

void main(void)
{
    while(1)
    {
        if(K1 == 0)
        {
            L1 = 0;     //灯亮
        }
        else
        {
            L1 = 1;     //灯灭
        }
    }
}
```

课题三　多路开关状态指示

1. 方法一汇编源程序

```
        ORG 00H
```

```
START:      MOV A,P1
            ANL A,#0F0H
            RR A
            RR A
            RR A
            RR A
            XOR A,#0F0H
            MOV P1,A
            SJMP START
            END
```

2. 方法一 C 语言源程序

```c
#include <AT89X51.H>
unsigned char temp;

void main(void)
{
  while(1)
    {
      temp=P1>>4;
      temp=temp|0xf0;
      P1=temp;
    }
}
```

3. 方法二(汇编源程序)

```
            ORG 00H
START:      JB P1.4,NEXT1
            CLR P1.0
            SJMP NEX1
NEXT1:      SETB P1.0
NEX1:       JB P1.5,NEXT2
            CLR P1.1
            SJMP NEX2
NEXT2:      SETB P1.1
NEX2:       JB P1.6,NEXT3
            CLR P1.2
            SJMP NEX3
NEXT3:      SETB P1.2
NEX3:       JB P1.7,NEXT4
            CLR P1.3
            SJMP NEX4
NEXT4:      SETB P1.3
NEX4:       SJMP START
            END
```

4. 方法二(C 语言源程序)

```c
#include <AT89X51.H>

void main(void)
{
  while(1)
    {
      if(P1_4==0)
        {
          P1_0=0;
        }
      else
        {
          P1_0=1;
        }
      if(P1_5==0)
        {
          P1_1=0;
        }
      else
        {
          P1_1=1;
        }
      if(P1_6==0)
        {
          P1_2=0;
        }
      else
        {
          P1_2=1;
        }
      if(P1_7==0)
        {
          P1_3=0;
        }
      else
        {
          P1_3=1;
        }
    }
}
```

课题四 广告灯的左移右移

1. 汇编源程序

```
            ORG 0
START:      MOV R2,#8
            MOV A,#0FEH
            SETB C
LOOP:       MOV P1,A
            LCALL DELAY
            RLC A
            DJNZ R2,LOOP
            MOV R2,#8
LOOP1:      MOV P1,A
            LCALL DELAY
            RRC A
            DJNZ R2,LOOP1
            LJMP START
DELAY:      MOV R5,#20;
D1:         MOV R6,#20
D2:         MOV R7,#248
            DJNZ R7,$
            DJNZ R6,D2
            DJNZ R5,D1
            RET
            END
```

2. C语言源程序

```c
#include <AT89X51.H>
unsigned char i;
unsigned char temp;
unsigned char a,b;

void delay(void)
{
  unsigned char m,n,s;
  for(m=20;m>0;m--)
  for(n=20;n>0;n--)
  for(s=248;s>0;s--);
}
void main(void)
{
  while(1)
    {
      temp=0xfe;
      P1=temp;
```

```
      delay();
      for(i=1;i<8;i++)
        {
          a=temp<<i;
          b=temp>>(8-i);
          P1=a|b;
          delay();
        }
      for(i=1;i<8;i++)
        {
          a=temp>>i;
          b=temp<<(8-i);
          P1=a|b;
          delay();
        }
    }
}
```

课题五　报警产生器的制作

1. 汇编源程序

```
FLAG        BIT 00H
            ORG 00H
START:      JB P1.7,START
            JNB FLAG,NEXT
            MOV R2,#200
DV:         CPL P1.0
            LCALL DELY500
            LCALL DELY500
            DJNZ R2,DV
            CPL FLAG
NEXT:       MOV R2,#200
DV1:        CPL P1.0
            LCALL DELY500
            DJNZ R2,DV1
            CPL FLAG
            SJMP START
DELY500:    MOV R7,#250
LOOP:       NOP
            DJNZ R7,LOOP
            RET
            END
```

2. C语言源程序

```
#include <AT89X51.H>
```

```c
#include <INTRINS.H>

bit flag;
unsigned char count;

void dely500(void)
{
  unsigned char i;
  for(i=250;i>0;i--)
    {
      _nop_();
    }
}

void main(void)
{
  while(1)
    {
      if(P1_7==0)
        {
          for(count=200;count>0;count--)
            {
              P1_0=~P1_0;
              dely500();
            }
          for(count=200;count>0;count--)
            {
              P1_0=~P1_0;
              dely500();
              dely500();
            }
        }
    }
}
```

第二节　按键识别与显示控制

课题一　I/O 并行口直接驱动 LED 显示

1. 汇编源程序

```
            ORG 0
START:      MOV R1,#00H
NEXT:       MOV A,R1
            MOV DPTR,#TABLE
```

```
                MOVC A,@A+DPTR
                MOV P0,A
                LCALL DELAY
                INC R1
                CJNE R1,#10,NEXT
                LJMP START
DELAY:          MOV R5,#20
D2:             MOV R6,#20
D1:             MOV R7,#248
                DJNZ R7,$
                DJNZ R6,D1
                DJNZ R5,D2
                RET
TABLE:          DB 3FH,06H,5BH,4FH,66H,6DH,7DH,07H,7FH,6FH
                END
```

2. C语言源程序

```c
#include <AT89X51.H>
unsigned char code table[]={0x3f,0x06,0x5b,0x4f,0x66,
                            0x6d,0x7d,0x07,0x7f,0x6f};
unsigned char dispcount;
void delay02s(void)
{
  unsigned char i,j,k;
  for(i=20;i>0;i--)
  for(j=20;j>0;j--)
  for(k=248;k>0;k--);
}

void main(void)
{
  while(1)
    {
      for(dispcount=0;dispcount<10;dispcount++)
        {
          P0=table[dispcount];
          delay02s();
        }
    }
}
```

课题二　按键识别技术之一

1. 汇编源程序

```
                ORG 0
```

```
START:          MOV R1,#00H    ;初始化R7为0,表示从0开始计数
                MOV A,R1
                CPL A          ;取反指令
                MOV P1,A       ;送出P1端口由发光二极管显示
REL:            JNB P3.7,REL   ;判断SP1是否按下
                LCALL DELAY10MS ;若按下,则延时10ms左右
                JNB P3.7,REL   ;再判断SP1是否真的按下
                INC R7         ;若真得按下,则进行按键处理,使
                MOV A,R7       ;计数内容加1,并送出P1端口由
                CPL A          ;发光二极管显示
                MOV P1,A
                JNB P3.7,$     ;等待SP1释放
                SJMP REL       ;继续对K1按键扫描
DELAY10MS:  MOV R6,#20         ;延时10ms子程序
L1:             MOV R7,#248
                DJNZ R7,$
                DJNZ R6,L1
                RET
                END
```

2. C语言源程序

```c
#include <AT89X51.H>

unsigned char count;

void delay10ms(void)
{
  unsigned char i,j;
  for(i=20;i>0;i--)
  for(j=248;j>0;j--);
}

void main(void)
{
  while(1)
    {
      if(P3_7==0)
        {
          delay10ms();
          if(P3_7==0)
            {
              count++;
              if(count==16)
                {
```

```
            count=0;
          }
        P1=~count;
        while(P3_7==0);
      }
    }
  }
}
```

课题三　00-99 计数器制作

1. 汇编源程序

```
Count       EQU 30H
SP1         BIT P3.7
            ORG 0
START:      MOV Count,#00H
NEXT:       MOV A,Count
            MOV B,#10
            DIV AB
            MOV DPTR,#TABLE
            MOVC A,@A+DPTR
            MOV P0,A
            MOV A,B
            MOVC A,@A+DPTR
            MOV P2,A
WT:         JNB SP1,WT
WAIT:       JB SP1,WAIT
            LCALL DELY10MS
            JB SP1,WAIT
            INC Count
            MOV A,Count
            CJNE A,#100,NEXT
            LJMP START
DELY10MS:   MOV R6,#20
D1:         MOV R7,#248
            DJNZ R7,$
            DJNZ R6,D1
            RET
TABLE:      DB 3FH,06H,5BH,4FH,66H,6DH,7DH,07H,7FH,6FH
            END
```

2. C 语言源程序

```c
#include <AT89X51.H>
unsigned char code table[]={0x3f,0x06,0x5b,0x4f,0x66,
```

```c
                    0x6d,0x7d,0x07,0x7f,0x6f};
unsigned char Count;

void delay10ms(void)
{
  unsigned char i,j;
  for(i=20;i>0;i--)
    for(j=248;j>0;j--);
}

void main(void)
{
  Count=0;
  P0=table[Count/10];
  P2=table[Count%10];
  while(1)
    {
      if(P3_7==0)
        {
          delay10ms();
          if(P3_7==0)
            {
              Count++;
              if(Count==100)
                {
                  Count=0;
                }
              P0=table[Count/10];
              P2=table[Count%10];
              while(P3_7==0);
            }
        }
    }
}
```

课题四 动态数码显示技术

1. 汇编源程序

```
            ORG 00H
START:      JB P1.7,DIR1
            MOV DPTR,#TABLE1
            SJMP DIR
DIR1:       MOV DPTR,#TABLE2
```

```
DIR:        MOV R0,#00H
            MOV R1,#01H
NEXT:       MOV A,R0
            MOVC A,@A+DPTR
            MOV P0,A
            MOV A,R1
            MOV P2,A
            LCALL DAY
            INC R0
            RL A
            MOV R1,A
            CJNE R1,#0DFH,NEXT
            SJMP START
DAY:        MOV R6,#4
D1:         MOV R7,#248
            DJNZ R7,$
            DJNZ R6,D1
            RET
TABLE1:     DB 06H,5BH,4FH,66H,6DH
TABLE2:     DB 78H,79H,38H,38H,3FH
            END
```

2. C语言源程序

```c
#include <AT89X51.H>

unsigned char code table1[]={0x06,0x5b,0x4f,0x66,0x6d};
unsigned char code table2[]={0x78,0x79,0x38,0x38,0x3f};
unsigned char i;
unsigned char a,b;
unsigned char temp;

void main(void)
{
  while(1)
    {
      temp=0xfe;
      for(i=0;i<5;i++)
        {
          if(P1_7==1)
            {
              P0=table1[i];
            }
          else
            {
```

```
            P0=table2[i];
         }
      P2=temp;
      a=temp<<(i+1);
      b=temp>>(7-i);
      temp=a|b;
      for(a=4;a>0;a--)
         for(b=248;b>0;b--);
   }
  }
}
```

课题五 4×4矩阵式键盘识别技术

1. 汇编源程序

```
KEYBUF       EQU 30H
             ORG 00H
START:       MOV KEYBUF,#2
WAIT:        MOV P3,#0FFH
             CLR P3.4
             MOV A,P3
             ANL A,#0FH
             XRL A,#0FH
             JZ NOKEY1
             LCALL DELY10MS
             MOV A,P3
             ANL A,#0FH
             XRL A,#0FH
             JZ NOKEY1
             MOV A,P3
             ANL A,#0FH
             CJNE A,#0EH,NK1
             MOV KEYBUF,#0
             LJMP DK1
NK1:         CJNE A,#0DH,NK2
             MOV KEYBUF,#1
             LJMP DK1
NK2:         CJNE A,#0BH,NK3
             MOV KEYBUF,#2
             LJMP DK1
NK3:         CJNE A,#07H,NK4
             MOV KEYBUF,#3
             LJMP DK1
```

```
NK4:           NOP
DK1:
               MOV A,KEYBUF
               MOV DPTR,#TABLE
               MOVC A,@A+DPTR
               MOV P0,A

DK1A:          MOV A,P3
               ANL A,#0FH
               XRL A,#0FH
               JNZ DK1A
NOKEY1:
               MOV P3,#0FFH
               CLR P3.5
               MOV A,P3
               ANL A,#0FH
               XRL A,#0FH
               JZ NOKEY2
               LCALL DELY10MS
               MOV A,P3
               ANL A,#0FH
               XRL A,#0FH
               JZ NOKEY2
               MOV A,P3
               ANL A,#0FH
               CJNE A,#0EH,NK5
               MOV KEYBUF,#4
               LJMP DK2
NK5:           CJNE A,#0DH,NK6
               MOV KEYBUF,#5
               LJMP DK2
NK6:           CJNE A,#0BH,NK7
               MOV KEYBUF,#6
               LJMP DK2
NK7:           CJNE A,#07H,NK8
               MOV KEYBUF,#7
               LJMP DK2
NK8:           NOP
DK2:
               MOV A,KEYBUF
               MOV DPTR,#TABLE
               MOVC A,@A+DPTR
               MOV P0,A
```

```
DK2A:          MOV A,P3
               ANL A,#0FH
               XRL A,#0FH
               JNZ DK2A
NOKEY2:
               MOV P3,#0FFH
               CLR P3.6
               MOV A,P3
               ANL A,#0FH
               XRL A,#0FH
               JZ NOKEY3
               LCALL DELY10MS
               MOV A,P3
               ANL A,#0FH
               XRL A,#0FH
               JZ NOKEY3
               MOV A,P3
               ANL A,#0FH
               CJNE A,#0EH,NK9
               MOV KEYBUF,#8
               LJMP DK3
NK9:           CJNE A,#0DH,NK10
               MOV KEYBUF,#9
               LJMP DK3
NK10:          CJNE A,#0BH,NK11
               MOV KEYBUF,#10
               LJMP DK3
NK11:          CJNE A,#07H,NK12
               MOV KEYBUF,#11
               LJMP DK3
NK12:          NOP
DK3:
               MOV A,KEYBUF
               MOV DPTR,#TABLE
               MOVC A,@A+DPTR
               MOV P0,A

DK3A:          MOV A,P3
               ANL A,#0FH
               XRL A,#0FH
               JNZ DK3A
NOKEY3:
```

```
                MOV P3,#0FFH
                CLR P3.7
                MOV A,P3
                ANL A,#0FH
                XRL A,#0FH
                JZ NOKEY4
                LCALL DELY10MS
                MOV A,P3
                ANL A,#0FH
                XRL A,#0FH
                JZ NOKEY4
                MOV A,P3
                ANL A,#0FH
                CJNE A,#0EH,NK13
                MOV KEYBUF,#12
                LJMP DK4
NK13:           CJNE A,#0DH,NK14
                MOV KEYBUF,#13
                LJMP DK4
NK14:           CJNE A,#0BH,NK15
                MOV KEYBUF,#14
                LJMP DK4
NK15:           CJNE A,#07H,NK16
                MOV KEYBUF,#15
                LJMP DK4
NK16:           NOP
DK4:
                MOV A,KEYBUF
                MOV DPTR,#TABLE
                MOVC A,@A+DPTR
                MOV P0,A

DK4A:           MOV A,P3
                ANL A,#0FH
                XRL A,#0FH
                JNZ DK4A
NOKEY4:
                LJMP WAIT
DELY10MS:
                MOV R6,#10
D1:             MOV R7,#248
                DJNZ R7,$
                DJNZ R6,D1
```

```
                RET
TABLE:          DB 3FH,06H,5BH,4FH,66H,6DH,7DH,07H
                DB 7FH,6FH,77H,7CH,39H,5EH,79H,71H
                END
```

2. C语言源程序

```c
#include <AT89X51.H>
unsigned char code table[] = {0x3f,0x06,0x5b,0x4f,
                              0x66,0x6d,0x7d,0x07,
                              0x7f,0x6f,0x77,0x7c,
                              0x39,0x5e,0x79,0x71};
unsigned char temp;
unsigned char key;
unsigned char i,j;

void main(void)
{
  while(1)
    {
      P3 = 0xff;
      P3_4 = 0;
      temp = P3;
      temp = temp & 0x0f;
      if (temp! = 0x0f)
        {
          for(i = 50;i>0;i--)
          for(j = 200;j>0;j--);
          temp = P3;
          temp = temp & 0x0f;
          if (temp! = 0x0f)
            {
              temp = P3;
              temp = temp & 0x0f;
              switch(temp)
                {
                  case 0x0e:
                    key = 7;
                    break;
                  case 0x0d:
                    key = 8;
                    break;
                  case 0x0b:
                    key = 9;
                    break;
```

```
                    case 0x07:
                      key=10;
                      break;
                  }
                temp=P3;
                P1_0=~P1_0;
                P0=table[key];
                temp=temp & 0x0f;
                while(temp! =0x0f)
                  {
                    temp=P3;
                    temp=temp & 0x0f;
                  }
              }
          }

P3=0xff;
P3_5=0;
temp=P3;
temp=temp & 0x0f;
if (temp! =0x0f)
  {
    for(i=50;i>0;i--)
    for(j=200;j>0;j--);
    temp=P3;
    temp=temp & 0x0f;
    if (temp! =0x0f)
      {
        temp=P3;
        temp=temp & 0x0f;
        switch(temp)
          {
            case 0x0e:
              key=4;
              break;
            case 0x0d:
              key=5;
              break;
            case 0x0b:
              key=6;
              break;
            case 0x07:
              key=11;
```

```c
              break;
          }
        temp = P3;
        P1_0 = ~P1_0;
        P0 = table[key];
        temp = temp & 0x0f;
        while(temp! = 0x0f)
          {
            temp = P3;
            temp = temp & 0x0f;
          }
      }
  }

P3 = 0xff;
P3_6 = 0;
temp = P3;
temp = temp & 0x0f;
if (temp! = 0x0f)
  {
    for(i = 50;i>0;i--)
    for(j = 200;j>0;j--);
    temp = P3;
    temp = temp & 0x0f;
    if (temp! = 0x0f)
      {
        temp = P3;
        temp = temp & 0x0f;
        switch(temp)
          {
            case 0x0e:
              key = 1;
              break;
            case 0x0d:
              key = 2;
              break;
            case 0x0b:
              key = 3;
              break;
            case 0x07:
              key = 12;
              break;
          }
```

```c
            temp=P3;
            P1_0=~P1_0;
            P0=table[key];
            temp=temp & 0x0f;
            while(temp! =0x0f)
              {
                temp=P3;
                temp=temp & 0x0f;
              }
          }
      }

P3=0xff;
P3_7=0;
temp=P3;
temp=temp & 0x0f;
if (temp! =0x0f)
  {
     for(i=50;i>0;i--)
     for(j=200;j>0;j--);
     temp=P3;
     temp=temp & 0x0f;
     if (temp! =0x0f)
       {
          temp=P3;
          temp=temp & 0x0f;
          switch(temp)
            {
               case 0x0e:
                 key=0;
                 break;
               case 0x0d:
                 key=13;
                 break;
               case 0x0b:
                 key=14;
                 break;
               case 0x07:
                 key=15;
                 break;
            }
          temp=P3;
          P1_0=~P1_0;
```

```
            P0=table[key];
            temp=temp & 0x0f;
            while(temp!=0x0f)
              {
                temp=P3;
                temp=temp & 0x0f;
              }
         }
      }
}
```

第三节　定时与中断

课题一　定时计数器作定时应用技术(一)

1. 汇编源程序(查询法)

```
SECOND      EQU 30H
TCOUNT      EQU 31H
            ORG 00H
START:      MOV SECOND,#00H
            MOV TCOUNT,#00H
            MOV TMOD,#01H
            MOV TH0,#(65536-50000)/256
            MOV TL0,#(65536-50000) MOD 256
            SETB TR0
DISP:       MOV A,SECOND
            MOV B,#10
            DIV AB
            MOV DPTR,#TABLE
            MOVC A,@A+DPTR
            MOV P0,A
            MOV A,B
            MOVC A,@A+DPTR
            MOV P2,A
WAIT:       JNB TF0,WAIT
            CLR TF0
            MOV TH0,#(65536-50000)/256
            MOV TL0,#(65536-50000) MOD 256
            INC TCOUNT
            MOV A,TCOUNT
            CJNE A,#20,NEXT
            MOV TCOUNT,#00H
```

```
              INC SECOND
              MOV A,SECOND
              CJNE A,#60,NEX
              MOV SECOND,#00H
NEX:          LJMP DISP
NEXT:         LJMP WAIT
TABLE:        DB 3FH,06H,5BH,4FH,66H,6DH,7DH,07H,7FH,6FH
              END
```

2. C语言源程序(查询法)

```c
#include <AT89X51.H>

unsigned char code dispcode[ ]={0x3f,0x06,0x5b,0x4f,
                                0x66,0x6d,0x7d,0x07,
                                0x7f,0x6f,0x77,0x7c,
                                0x39,0x5e,0x79,0x71,0x00};
unsigned char second;
unsigned char tcount;

void main(void)
{
  TMOD=0x01;
  TH0=(65536-50000)/256;
  TL0=(65536-50000)%256;
  TR0=1;
  tcount=0;
  second=0;
  P0=dispcode[second/10];
  P2=dispcode[second%10];
  while(1)
    {
      if(TF0==1)
        {
          tcount++;
          if(tcount==20)
            {
              tcount=0;
              second++;
              if(second==60)
                {
                  second=0;
                }
              P0=dispcode[second/10];
              P2=dispcode[second%10];
```

```
            }
            TF0 = 0;
            TH0 = (65536-50000)/256;
            TL0 = (65536-50000)%256;
        }
    }
}
```

3. 汇编源程序(中断法)

```
SECOND      EQU 30H
TCOUNT      EQU 31H
            ORG 00H
            LJMP START
            ORG 0BH
            LJMP INT0X
START:      MOV SECOND,#00H
            MOV A,SECOND
            MOV B,#10
            DIV AB
            MOV DPTR,#TABLE
            MOVC A,@A+DPTR
            MOV P0,A
            MOV A,B
            MOVC A,@A+DPTR
            MOV P2,A
            MOV TCOUNT,#00H
            MOV TMOD,#01H
            MOV TH0,#(65536-50000)/256
            MOV TL0,#(65536-50000) MOD 256
            SETB TR0
            SETB ET0
            SETB EA
            SJMP $
INT0X:
            MOV TH0,#(65536-50000)/256
            MOV TL0,#(65536-50000) MOD 256
            INC TCOUNT
            MOV A,TCOUNT
            CJNE A,#20,NEXT
            MOV TCOUNT,#00H
            INC SECOND
            MOV A,SECOND
            CJNE A,#60,NEX
            MOV SECOND,#00H
```

```
NEX:        MOV A,SECOND
            MOV B,#10
            DIV AB
            MOV DPTR,#TABLE
            MOVC A,@A+DPTR
            MOV P0,A
            MOV A,B
            MOVC A,@A+DPTR
            MOV P2,A
NEXT:       RETI

TABLE:      DB 3FH,06H,5BH,4FH,66H,6DH,7DH,07H,7FH,6FH
            END
```

4. C 语言源程序(中断法)

```c
#include <AT89X51.H>

unsigned char code dispcode[]={0x3f,0x06,0x5b,0x4f,
                               0x66,0x6d,0x7d,0x07,
                               0x7f,0x6f,0x77,0x7c,
                               0x39,0x5e,0x79,0x71,0x00};
unsigned char second;
unsigned char tcount;

void main(void)
{
  TMOD=0x01;
  TH0=(65536-50000)/256;
  TL0=(65536-50000)%256;
  TR0=1;
  ET0=1;
  EA=1;
  tcount=0;
  second=0;
  P0=dispcode[second/10];
  P2=dispcode[second%10];
  while(1);
}

void t0(void) interrupt 1 using 0
{
  tcount++;
  if(tcount==20)
    {
```

```
            tcount=0;
            second++;
            if(second==60)
              {
                second=0;
              }
            P0=dispcode[second/10];
            P2=dispcode[second%10];
        }
    TH0=(65536-50000)/256;
    TL0=(65536-50000)%256;
}
```

课题二 定时计数器作定时应用技术(二)

1. 汇编源程序

```
TCOUNT2S     EQU 30H
TCNT02S      EQU 31H
ID           EQU 32H
             ORG 00H
             LJMP START
             ORG 0BH
             LJMP INT_T0
START:       MOV TCOUNT2S,#00H
             MOV TCNT02S,#00H
             MOV ID,#00H
             MOV TMOD,#01H
             MOV TH0,#(65536-50000)/256
             MOV TL0,#(65536-50000) MOD 256
             SETB TR0
             SETB ET0
             SETB EA
             SJMP $
INT_T0:      MOV TH0,#(65536-50000)/256
             MOV TL0,#(65536-50000) MOD 256
             INC TCOUNT2S
             MOV A,TCOUNT2S
             CJNE A,#40,NEXT
             MOV TCOUNT2S,#00H
             INC ID
             MOV A,ID
             CJNE A,#04H,NEXT
             MOV ID,#00H
```

```
NEXT:       INC TCNT02S
            MOV A,TCNT02S
            CJNE A,#4,DONE
            MOV TCNT02S,#00H
            MOV A,ID
            CJNE A,#00H,SID1
            CPL P1.0
            SJMP DONE
SID1:       CJNE A,#01H,SID2
            CPL P1.1
            SJMP DONE
SID2:       CJNE A,#02H,SID3
            CPL P1.2
            SJMP DONE
SID3:       CJNE A,#03H,SID4
            CPL P1.3
SID4:       SJMP DONE
DONE:       RETI
            END
```

2. C 语言源程序

```c
#include <AT89X51.H>
unsigned char tcount2s;
unsigned char tcount02s;
unsigned char ID;
void main(void)
{
  TMOD=0x01;
  TH0=(65536-50000)/256;
  TL0=(65536-50000)%256;
  TR0=1;
  ET0=1;
  EA=1;

  while(1);
}
void t0(void) interrupt 1 using 0
{
  tcount2s++;
  if(tcount2s==40)
    {
      tcount2s=0;
      ID++;
      if(ID==4)
```

```c
            {
                ID=0;
            }
        }
    tcount02s++;
    if(tcount02s==4)
        {
            tcount02s=0;
            switch(ID)
                {
                    case 0:
                        P1_0=~P1_0;
                        break;
                    case 1:
                        P1_1=~P1_1;
                        break;
                    case 2:
                        P1_2=~P1_2;
                        break;
                    case 3:
                        P1_3=~P1_3;
                        break;
                }
        }
}
```

第四节　简单系统开发

课题一　制作"叮咚"门铃

1. 汇编源程序

```
T5HZ        EQU 30H
T7HZ        EQU 31H
T05SA       EQU 32H
T05SB       EQU 33H
FLAG        BIT 00H
STOP        BIT 01H
SP1         BIT P3.7
            ORG 00H
            LJMP START
            ORG 0BH
            LJMP INT_T0
START:      MOV TMOD,#02H
            MOV TH0,#06H
```

```
                MOV TL0,#06H
                SETB ET0
                SETB EA
NSP:            JB SP1,NSP
                LCALL DELY10MS
                JB SP1,NSP
                SETB TR0
                MOV T5HZ,#00H
                MOV T7HZ,#00H
                MOV T05SA,#00H
                MOV T05SB,#00H
                CLR FLAG
                CLR STOP
                JNB STOP,$
                LJMP NSP
DELY10MS:       MOV R6,#20
D1:             MOV R7,#248
                DJNZ R7,$
                DJNZ R6,D1
                RET
INT_T0:         INC T05SA
                MOV A,T05SA
                CJNE A,#100,NEXT
                MOV T05SA,#00H
                INC T05SB
                MOV A,T05SB
                CJNE A,#20,NEXT
                MOV T05SB,#00H
                JB FLAG,STP
                CPL FLAG
                LJMP NEXT
STP:            SETB STOP
                CLR TR0
                LJMP DONE
NEXT:           JB FLAG,S5HZ
                INC T7HZ
                MOV A,T7HZ
                CJNE A,#03H,DONE
                MOV T7HZ,#00H
                CPL P1.0
                LJMP DONE
S5HZ:           INC T5HZ
                MOV A,T5HZ
```

```
                CJNE A,#04H,DONE
                MOV T5HZ,#00H
                CPL P1.0
                LJMP DONE
DONE:           RETI
                END
```

2. C语言源程序

```c
#include <AT89X51.H>
unsigned char t5hz;
unsigned char t7hz;
unsigned int tcnt;

bit stop;
bit flag;

void main(void)
{
  unsigned char i,j;

  TMOD = 0x02;
  TH0 = 0x06;
  TL0 = 0x06;
  ET0 = 1;
  EA = 1;

  while(1)
    {
      if(P3_7 == 0)
        {
          for(i=10;i>0;i--)
          for(j=248;j>0;j--);
          if(P3_7==0)
            {
              t5hz=0;
              t7hz=0;
              tcnt=0;
              flag=0;
              stop=0;
              TR0=1;
              while(stop==0);
            }
        }
    }
```

```c
    }

void t0(void) interrupt 1 using 0
{
  tcnt++;
  if(tcnt==2000)
    {
      tcnt=0;
      if(flag==0)
        {
          flag=~flag;
        }
      else
        {
          stop=1;
          TR0=0;
        }
    }
  if(flag==0)
    {
      t7hz++;
      if(t7hz==3)
        {
          t7hz=0;
          P1_0=~P1_0;
        }
    }
    else
      {
        t5hz++;
        if(t5hz==4)
          {
            t5hz=0;
            P1_0=~P1_0;
          }
      }
}
```

课题二 数字钟的制作

1. 汇编源程序

```
SECOND      EQU 30H
MINITE      EQU 31H
```

```
HOUR        EQU 32H
HOURK       BIT P0.0
MINITEK     BIT P0.1
SECONDK     BIT P0.2
DISPBUF     EQU 40H
DISPBIT     EQU 48H
T2SCNTA     EQU 49H
T2SCNTB     EQU 4AH
TEMP        EQU 4BH

            ORG 00H
            LJMP START
            ORG 0BH
            LJMP INT_T0
START:      MOV SECOND,#00H
            MOV MINITE,#00H
            MOV HOUR,#12
            MOV DISPBIT,#00H
            MOV T2SCNTA,#00H
            MOV T2SCNTB,#00H
            MOV TEMP,#0FEH
            LCALL DISP
            MOV TMOD,#01H
            MOV TH0,#(65536-2000)/256
            MOV TL0,#(65536-2000) MOD 256
            SETB TR0
            SETB ET0
            SETB EA
WT:         JB SECONDK,NK1
            LCALL DELY10MS
            JB SECONDK,NK1
            INC SECOND
            MOV A,SECOND
            CJNE A,#60,NS60
            MOV SECOND,#00H
NS60:       LCALL DISP
            JNB SECONDK,$
NK1:        JB MINITEK,NK2
            LCALL DELY10MS
            JB MINITEK,NK2
            INC MINITE
            MOV A,MINITE
            CJNE A,#60,NM60
```

```
              MOV MINITE,#00H
NM60:     LCALL DISP
              JNB MINITEK,$
NK2:       JB HOURK,NK3
              LCALL DELY10MS
              JB HOURK,NK3
              INC HOUR
              MOV A,HOUR
              CJNE A,#24,NH24
              MOV HOUR,#00H
NH24:     LCALL DISP
              JNB HOURK,$
NK3:       LJMP WT
DELY10MS:
              MOV R6,#10
D1:         MOV R7,#248
              DJNZ R7,$
              DJNZ R6,D1
              RET
DISP:      MOV A,#DISPBUF
              ADD A,#8
              DEC A
              MOV R1,A
              MOV A,HOUR
              MOV B,#10
              DIV AB
              MOV @R1,A
              DEC R1
              MOV A,B
              MOV @R1,A
              DEC R1
              MOV A,#10
              MOV@R1,A
              DEC R1
              MOV A,MINITE
              MOV B,#10
              DIV AB
              MOV @R1,A
              DEC R1
              MOV A,B
              MOV @R1,A
              DEC R1
              MOV A,#10
```

```
              MOV @R1,A
              DEC R1
              MOV A,SECOND
              MOV B,#10
              DIV AB
              MOV @R1,A
              DEC R1
              MOV A,B
              MOV @R1,A
              DEC R1
              RET
INT_T0:
              MOV TH0,#(65536-2000)/256
              MOV TL0,#(65536-2000) MOD 256
              MOV A,#DISPBUF
              ADD A,DISPBIT
              MOV R0,A
              MOV A,@R0
              MOV DPTR,#TABLE
              MOVC A,@A+DPTR
              MOV P1,A
              MOV A,DISPBIT
              MOV DPTR,#TAB
              MOVC A,@A+DPTR
              MOV P3,A
              INC DISPBIT
              MOV A,DISPBIT
              CJNE A,#08H,KNA
              MOV DISPBIT,#00H
KNA:          INC T2SCNTA
              MOV A,T2SCNTA
              CJNE A,#100,DONE
              MOV T2SCNTA,#00H
              INC T2SCNTB
              MOV A,T2SCNTB
              CJNE A,#05H,DONE
              MOV T2SCNTB,#00H
              INC SECOND
              MOV A,SECOND
              CJNE A,#60,NEXT
              MOV SECOND,#00H
              INC MINITE
              MOV A,MINITE
```

```
            CJNE A,#60,NEXT
            MOV MINITE,#00H
            INC HOUR
            MOV A,HOUR
            CJNE A,#24,NEXT
            MOV HOUR,#00H
NEXT:       LCALL DISP
DONE:       RETI
TABLE:      DB 3FH,06H,5BH,4FH,66H,6DH,7DH,07H,7FH,6FH,40H
TAB:        DB 0FEH,0FDH,0FBH,0F7H,0EFH,0DFH,0BFH,07FH
            END
```

2. C 语言源程序

```c
#include <AT89X51.H>
unsigned char code dispcode[]={0x3f,0x06,0x5b,0x4f,
                               0x66,0x6d,0x7d,0x07,
                               0x7f,0x6f,0x77,0x7c,
                               0x39,0x5e,0x79,0x71,0x00};
unsigned char dispbitcode[]={0xfe,0xfd,0xfb,0xf7,
                             0xef,0xdf,0xbf,0x7f};
unsigned char dispbuf[8]={0,0,16,0,0,16,0,0};
unsigned char dispbitcnt;

unsigned char second;
unsigned char minite;
unsigned char hour;
unsigned int tcnt;
unsigned char mstcnt;

unsigned char i,j;

void main(void)
{
   TMOD=0x02;
   TH0=0x06;
   TL0=0x06;
   TR0=1;
   ET0=1;
   EA=1;

   while(1)
     {
       if(P0_0==0)
```

```c
        {
            for(i=5;i>0;i--)
            for(j=248;j>0;j--);
            if(P0_0==0)
              {
                second++;
                if(second==60)
                  {
                    second=0;
                  }
                dispbuf[0]=second%10;
                dispbuf[1]=second/10;
                while(P0_0==0);
              }
        }
      if(P0_1==0)
        {
            for(i=5;i>0;i--)
            for(j=248;j>0;j--);
            if(P0_1==0)
              {
                minite++;
                if(minite==60)
                  {
                    minite=0;
                  }
                dispbuf[3]=minite%10;
                dispbuf[4]=minite/10;
                while(P0_1==0);
              }
        }
      if(P0_2==0)
        {
            for(i=5;i>0;i--)
            for(j=248;j>0;j--);
            if(P0_2==0)
              {
                hour++;
                if(hour==24)
                  {
                    hour=0;
                  }
```

```c
                dispbuf[6]=hour%10;
                dispbuf[7]=hour/10;
                while(P0_2==0);
            }
        }
    }
}
void t0(void) interrupt 1 using 0
{
    mstcnt++;
    if(mstcnt==8)
        {
            mstcnt=0;
            P1=dispcode[dispbuf[dispbitcnt]];
            P3=dispbitcode[dispbitcnt];
            dispbitcnt++;
            if(dispbitcnt==8)
                {
                    dispbitcnt=0;
                }
        }
    tcnt++;
    if(tcnt==4000)
        {
            tcnt=0;
            second++;
            if(second==60)
                {
                    second=0;
                    minite++;
                    if(minite==60)
                        {
                            minite=0;
                            hour++;
                            if(hour==24)
                                {
                                    hour=0;
                                }
                        }
                }
            dispbuf[0]=second%10;
            dispbuf[1]=second/10;
```

```
    dispbuf[3]=minite%10;
    dispbuf[4]=minite/10;
    dispbuf[6]=hour%10;
    dispbuf[7]=hour/10;
  }
}
```

附录二

常见元件图形符号、文字符号一览表

类别	名称	图形符号	文字符号	类别	名称	图形符号	文字符号
开关	单极控制开关		SA	位置开关	常开触头		SQ
	手动开关一般符号		SA		常闭触头		SQ
	三极控制开关		QS		复合触头		SQ
	三极隔离开关		QS	按钮	常开按钮		SB
	三极负荷开关		QS		常闭按钮		SB
	组合旋钮开关		QS		复合按钮		SB
	低压断路器		QF		急停按钮		SB
	控制器或操作开关		SA		钥匙操作式按钮		SB
接触器	线圈操作器件		KM	热继电器	热元件		FR
	常开主触头		KM		常闭触头		FR
	常开辅助触头		KM	中间继电器	线圈		KA
	常闭辅助触头		KM		常开触头		KA
时间继电器	通电延时（缓吸）线圈		KT		常闭触头		KA

(续)

类别	名称	图形符号	文字符号	类别	名称	图形符号	文字符号
时间继电器	断电延时（缓放）线圈		KT	电流继电器	过电流线圈	$I>$	KA
	瞬时闭合的常开触头		KT		欠电流线圈	$I<$	KA
	瞬时断开的常闭触头		KT		常开触头		KA
	延时闭合的常开触头	或	KT		常闭触头		KA
	延时断开的常闭触头	或	KT	电压继电器	过电压线圈	$U>$	KV
	延时闭合的常闭触头	或	KT		欠电压线圈	$U<$	KV
	延时断开的常开触头	或	KT		常开触头		KV
电磁操作器	电磁铁的一般符号	或	YA		常闭触头		KV
	电磁吸盘		YH	电动机	三相笼型异步电动机	M 3~	M
	电磁离合器		YC		三相绕线转子异步电动机	M 3~	M
	电磁制动器		YB		他励直流电动机	M	M
	电磁阀		YV		并励直流电动机	M	M
非电量控制的继电器	速度继电器常开触头	n	KS		串励直流电动机	M	M
	压力继电器常开触头	p	KP	熔断器	熔断器		FU

(续)

类别	名称	图形符号	文字符号	类别	名称	图形符号	文字符号
发电机	发电机	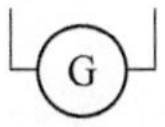 Ⓖ	G	变压器	单相变压器	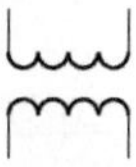	TC
	直流测速发电机	 Ⓣ Ⓖ	TG		三相变压器	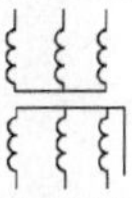	TM
灯	信号灯（指示灯）	⊗	HL	互感器	电压互感器	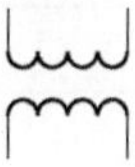	TV
	照明灯	⊗	EL		电流互感器		TA
接插器	插头和插座	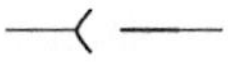 或 	X 插头 XP 插座 XS		电抗器		L
常用传感器	光电/光纤传感器	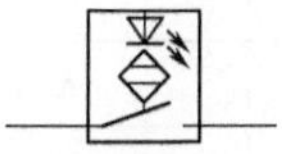		常用传感器	热敏开关（常开、常闭）		
	接近传感器（磁性开关）	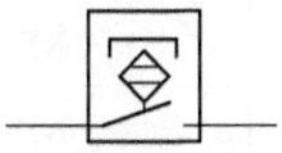			热式流量传感器	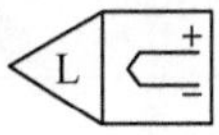	
	电感传感器	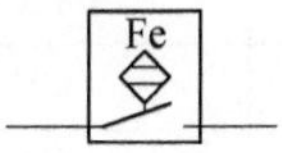			压敏电阻	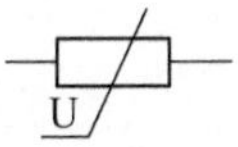	
	霍尔传感器	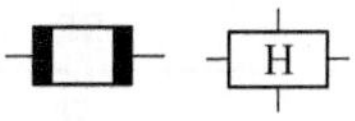			气体传感器	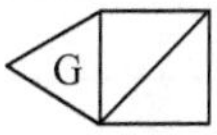	
	差动电容传感器	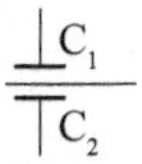 C_1 C_2			湿度传感器	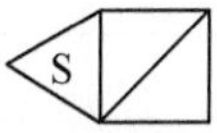	

207

附录三

电气元件文字符号

序号	元件名称	新符号	旧符号
0	继电器	K	J
1	压力继电器	SP	
2	电流继电器	KA	LJ
3	负序电流继电器	KAN	FLJ
4	零序电流继电器	KAZ	LLJ
5	电压继电器	KV	YJ
6	正序电压继电器	KVP	ZYJ
7	负序电压继电器	KVN	FYJ
8	零序电压继电器	KVZ	LYJ
9	时间继电器	KT	SJ
10	功率继电器	KP	GJ
11	差动继电器	KD	CJ
12	信号继电器	KS	XJ
13	信号冲击继电器	KAI	XMJ
14	继电器	KC	ZJ
15	热继电器	KR	RJ
16	阻抗继电器	KI	ZKJ
17	温度继电器	KTP	WJ
18	瓦斯继电器	KG	WSJ
19	合闸继电器	KCR 或 KON	HJ
20	跳闸继电器	KTR	TJ
21	合闸 继电器	KCP	HWJ
22	跳闸 继电器	KTP	TWJ
23	电源监视继电器	KVS	JJ
24	压力监视继电器	KVP	YJJ
25	电压 继电器	KVM	YZJ
26	事故信号 继电器	KCA	SXJ
27	继电保护跳闸出口继电器	KOU	BCJ
28	手动合闸继电器	KCRM	SHJ
29	手动跳闸继电器	KTPM	STJ

附录三 电气元件文字符号

(续)

序号	元件名称	新符号	旧符号
30	加速继电器	KAC 或 KCL	JSJ
31	复归继电器	KPE	FJ
32	闭锁继电器	KLA 或 KCB	BSJ
33	同期检查继电器	KSY	TJJ
34	自动准同期装置	ASA	ZZQ
35	自动重合闸装置	ARE	ZCJ
36	自动励磁调节装置	AVR 或 AAVR	ZTL
37	备用电源自动投入装置	AATS 或 RSAD	BZT
38	按扭	SB	AN
39	合闸按扭	SBC	HA
40	跳闸按扭	SBT	TA
41	复归按扭	SBre 或 SBR	FA
42	试验按扭	SBte	YA
43	紧急停机按扭	SBes	JTA
44	起动按扭	SBst	QA
45	自保持按扭	SBhs	BA
46	停止按扭	SBss	
47	控制开关	SAC	KK
48	转换开关	SAH 或 SA	ZK
49	测量转换开关	SAM	CK
50	同期转换开关	SAS	TK
51	自动同期转换开关	2SASC	DTK
52	手动同期转换开关	1SASC	STK
53	自同期转换开关	SSA2	ZTK
54	自动开关	QA	
55	刀开关	QK 或 SN	DK
56	熔断器	FU	RD
57	快速熔断器	FUhs	RDS
58	闭锁开关	SAL	BK
59	信号灯	HL	XD
60	光字牌	HL 或 HP	GP
61	警铃	HAB 或 HA	JL
62	合闸接触器	KMC	HC
63	接触器	KM	C
64	合闸线圈	Yon 或 LC	HQ
65	跳闸线圈	Yoff 或 LT	TQ

（续）

序号	元件名称	新符号	旧符号
66	插座	XS	
67	插头	XP	
68	端子排	XT	
69	测试端子	XE	
70	连接片	XB	LP
71	蓄电池	GB	XDC
72	压力变送器	BP	YB
73	温度变送器	BT	WDB
74	电钟	PT	
75	电流表	PA	
76	电压表	PV	
77	电度表	PJ	
78	有功功率表	PPA	
79	无功功率表	PPR	
80	同期表	S	
80	频率表	PF	
81	电容器	C	
82	灭磁电阻	RFS 或 Rfd	Rmc
83	分流器	RW	
84	热电阻	RT	
85	电位器	RP	
86	电感(电抗)线圈	L	
87	电流互感器	TA	CT 或 LH
88	电压互感器	TV	PT 或 YH
89	KV 电压互感器	TV	SYH
90	KV 电压互感器	TV	UYH
91	KV 电压互感器	TV	YYH
92	断路器	QF	DL
93	隔离开关	QS	G
94	电力变压器	TM	B
95	同步发电机	GS	TF
96	交流电动机	MA	JD
97	直流电动机	MD	ZD
98	电压互感器二次回路小母线		
99	同期电压小母线(待并)	WST 或 WVB	TQMa,TQMb
100	同期电压小母线(运行)	WOS 或 WVBn	TQMa,TQMb

210

（续）

序号	元件名称	新符号	旧符号
101	准同期合闸小母线	1WSC,2WSC,3WSCPO,2WPO,3WPO	1 1THM,2THM,3THM
102	控制电源小母线	+WC,-WC	+KM,-KM
103	信号电源小母线	+WS,-WS	+XM,-XM
104	合闸电源小母线	+WON,-WON	+HM,-HM
105	事故信号小母线	WFA	SYM
106	零序电压小母线	WVBz	
107	厂用低压小母线	WVBU